高等学校新工科人才培养系列教材

计算机操作系统实验与学习指导

主　编　袁　琼　甄春成　黄国芳

副主编　徐兆佳　陈　宇　余　慧

　　　　杨　鹤　胡　涛　陆伟霞

西安电子科技大学出版社

内 容 简 介

本书分上下两篇,其中上篇为 CentOS Linux 6 使用指南,下篇为计算机操作系统原理实验。上篇详尽地给出了下篇所依赖的实验环境的创建与使用过程,具体包括 Linux 系统概述、安装 Linux 系统、Linux 常用命令和 Linux 常用工具。下篇紧密结合"计算机操作系统"课程的核心内容,分别给出了进程的描述与控制、处理机调度与死锁、存储管理和文件系统方面的 7 个典型实验。此外,附录给出了 8 套计算机操作系统习题及参考答案。

本书既可作为高等院校计算机及相关专业操作系统课程的实验教材,也可供 Linux 环境开发人员参考使用。

图书在版编目(CIP)数据

计算机操作系统实验与学习指导 / 袁琼,甄春成,黄国芳主编. —西安:西安电子科技大学出版社,2022.3
ISBN 978-7-5606-6307-4

Ⅰ. ①计… Ⅱ. ①袁… ②甄… ③黄… Ⅲ. ①操作系统—高等学校—教学参考资料
Ⅳ. ①TP316

中国版本图书馆 CIP 数据核字(2021)第 267850 号

策划编辑 杨丕勇
责任编辑 王 娟 杨丕勇
出版发行 西安电子科技大学出版社(西安市太白南路 2 号)
电 话 (029)88242421 88201467　　　邮 编 710071
网 址 www.xduph.com　　　电子邮箱 xdupfxb001@163.com
经 销 新华书店
印刷单位 陕西天意印务有限责任公司
版 次 2022 年 3 月第 1 版 2022 年 3 月第 1 次印刷
开 本 787 毫米×1092 毫米 1/16 印 张 14.5
字 数 344 千字
印 数 1～3000 册
定 价 36.00 元

ISBN 978-7-5606-6307-4 / TP

XDUP 6609001-1

如有印装问题可调换

前　言

　　"计算机操作系统"课程是高等学校计算机相关专业学生的专业必修课，也是计算机相关专业的考研科目之一。操作系统课程理论性较强，要掌握操作系统的原理，单靠理论学习是远远不够的，必须结合实际操作系统，配合实验，将理论知识与实际操作结合起来，做到"知行合一"，才能真正理解和掌握操作系统的思想精髓。

　　本书是《计算机操作系统（第四版）》（汤小丹等编著）的配套实验教材，旨在引导学生在进行理论学习的同时，结合实际的 Linux 操作系统进行相关实践，加深对操作系统原理的领会，并在动手能力方面得到训练和培养。

　　本书分上下两篇。上篇为 CentOS Linux 6 使用指南，具体包括 Linux 系统概述、安装 Linux 系统、Linux 常用命令和 Linux 常用工具 4 章内容，详尽地给出了下篇所依赖的实验环境的创建与使用过程。下篇为计算机操作系统原理实验，具体包括进程的描述与控制实验、处理机调度与死锁实验、存储管理实验和文件系统综合实验 4 章内容，通过上机实验来讲解计算机操作系统原理。下篇包括 7 个典型上机实验，每个实验都按照实验目的、实验内容、实验原理、实验代码和思考练习的逻辑结构给出。其中实验代码部分给出了完整的参考代码，并给出了详细的测试结果，这将极大地方便任课教师开展操作系统原理实践教学，同时帮助学生更好地完成实验任务，深入理解原理，掌握实现过程，提高操作能力。此外，附录给出了 8 套计算机操作系统习题及参考答案。

　　本书第 1、3、4、5、8 章由袁琼编写，第 2 章由甄春成编写，第 6 章由黄国芳编写，第 7 章由徐兆佳编写，附录由袁琼、陈宇和余慧合作编写，袁琼负责全书内容的统稿工作，杨鹤院长审阅了全书。

　　在编写本书的过程中，编者参考了一些教材和相关资料，学到了很多实验方法和实践经验，书中无法逐一列出这些参考文献，在此向相关作者表示衷心的感谢。

　　虽然编者力争完善本书，但由于水平有限，书中仍可能存在不足之处，恳请读者批评指正。

编　者

2021 年 10 月

目 录

上篇 CentOS Linux 6 使用指南

下篇 计算机操作系统原理实验

上　篇

CentOS Linux 6 使用指南

第 1 章　Linux 系统概述

　　Linux 是一个免费的多用户、多任务的操作系统，其功能和运行方式与商业的 UNIX 系统很相似。Linux 系统最大的特色是源代码完全公开，在符合 GNU/GPL 的原则下，任何人都可以自由取得、散布、修改源代码。

　　Linux 系统发展至今已经有 30 年了，目前主要应用于服务器和嵌入式开发领域。Linux 系统的稳定性、安全性以及网络功能是许多商业操作系统无法比拟的，越来越多的大中型企业选择 Linux 作为其服务器操作系统。近年来，Linux 系统又以其友好的图形界面、丰富的应用程序及低廉的价格，在桌面领域得到了较好的发展，受到了普通用户的欢迎。

1.1　Linux 的起源与发展

　　20 世纪 80 年代末，由于 UNIX 系统的商业化，芬兰大学的 Andrew Tanenbaum 教授开发了 Minix 操作系统，该系统不受 AT&T 许可协议的约束，可以发布在 Internet 上免费给全世界的学生使用。1991 年，Andrew Tanenbaum 教授的学生 Linus Torvalds 为了给 Minix 系统用户设计一个比较有效的 UNIX PC 版本，自己动手写了一个类 Minix 的操作系统，这就是 Linux 的雏形。

　　Linux 内核最早由 Linus Torvalds 于 1991 年 10 月 5 日在遵守 GNU/GPL 的原则下首次发布，最初作为 Intel x86 架构个人计算机的一个自由操作系统，后来被移植到更多的计算机硬件平台上，在服务器、超级计算机、嵌入式系统等领域都有广泛应用。Linux 的兴起可以说是 Internet 创造的一个奇迹。据统计，到 1992 年 1 月为止，全世界大约只有 1000 人在使用 Linux 系统，但由于它发布在 Internet 上，互联网上的任何人在任何地方都可以得到它，从而使得 Linux 系统在不到 3 年的时间里发展成为一个功能完善、稳定可靠的操作系统。

　　在互联网和智能设备高速发展的今天，手机、平板电脑、路由器、电视机等智能设备都可能搭载 Linux 系统。例如，在移动设备上广泛使用的 Android 操作系统就是建立在 Linux 内核之上的。目前，Linux 内核由 https://www.kernel.org 网站对其进行维护。

　　Linux 系统是开源和自由的，因此发展出了各种各样的版本，同时也遵循一定的规范。Linux 有许多发行版本，即由一些团体、公司或个人为了不同目的而制作的版本，通常由 Linux 内核和许多外围软件组成。在规范上，Linux 属于类 UNIX 系统，各种版本在一定程度上都遵守 POSIX (Portable Operating System Interface，可移植操作系统接口)规范。

对于普通用户而言，要想使用 Linux 系统，首先应该选择一个符合需要的 Linux 发行版。目前被普遍使用的 Linux 发行版主要有 Debian、Ubuntu、Red Hat Enterprise Linux、Fedora 和 CentOS 等，下面对常见的 Linux 发行版本进行介绍。

1. Debian

Debian 最早由 Ian Murdock (伊恩·默多克)于 1993 年创建。由于 Debian 采用了 Linux 内核，而且 Debian 开发者所创建的操作系统中绝大部分基础工具来自 GNU 工程，因此 又被称为 Debian GNU/Linux。Debian 附带了 51 000 多个软件包，这些软件包都已经被编译包装为一种方便的格式以便于在计算机上进行安装。

Debian 由非营利组织 Debian 项目(Debian Project)维护。Debian 项目是一个独立、分散的组织，由来自世界各地的志愿者组成，利用互联网进行协作开发。Debian 的官方网站是 https://www.debian.org，任何人都可以免费下载使用。

2. Ubuntu

Ubuntu 是一个以桌面应用为主、基于 Debian 发展而来的 Linux 发行版，其目的是让 Linux 系统对于新手和非专业人员更加友好和易用。Ubuntu 采用自行加强的内核，硬件支持度和安全性方面更加突出，许多在其他发行版上无法使用或者默认配置时无法使用的硬件，在 Ubuntu 上都能轻松使用。

Ubuntu 加入了 GNOME 桌面环境，也发布了服务器版本，是目前被广泛使用的服务器操作系统之一。Ubuntu 的中文官方网站是 http://cn.ubuntu.com，可以免费下载使用。

3. Red Hat Enterprise Linux

Red Hat 是 Linux 用户耳熟能详的发行版。Red Hat 最早由 Bob Young 和 Marc Ewing 两人在 1995 年创建。Red Hat Enterprise Linux 是 Red Hat 公司开发的一款面向商业市场的 Linux 发行版，属于商业软件。与免费下载使用的 Linux 系统不同的是，购买 Red Hat Enterprise Linux 操作系统可以获得 Red Hat 公司的商业性技术支持。

4. Fedora

Fedora 是知名度较高的 Linux 发行版之一，由 Fedora 项目社区开发，Red Hat 公司提供赞助。Fedora 是基于 Ret Hat Linux 操作系统发展而来的，在 Red Hat Linux 终止发行后用来替代其在个人领域的应用。对于普通用户而言，Fedora 是一套功能完备、更新快速的免费操作系统；对于 Ret Hat 公司而言，它是许多新技术的测试平台，被认可的技术会加入商业系统中。通过 Fedora 官方网站 https://getfedora.org，可以获取系统的下载地址。

5. CentOS

CentOS (Community Enterprise Operating System) 是来自 Red Hat Enterprise Linux 依照开放源代码规定所发布的源代码编译的系统，因此上述两个系统(CentOS 和 Red Hat Enterprise Linux)都出自相同的源代码，不同之处在于 CentOS 不包含封闭源代码的软件，且没有 Ret Hat 公司的商业性技术支持。

目前 CentOS 由 CentOS 项目(CentOS Project)组织负责维护，官方网站为 https://www.centos.org，可以免费下载使用。

1.2　Linux 的特点和组成

Linux 系统在短短几年之内就得到了非常迅猛的发展，越来越多的系统管理员将他们的服务器平台迁移到 Linux 系统中，这与 Linux 良好的特性和组成结构是分不开的。

1. Linux 的主要特点

1) 完全免费

Linux 是一款免费的操作系统，用户可以通过网络或其他途径免费获得，并可以任意修改其源代码，这是其他操作系统所不具备的。正是由于这一点，来自世界各地的无数程序员参与到 Linux 的修改和编写工作中，并根据自己的兴趣和灵感对其进行完善，这让 Linux 操作系统不断进步与壮大。

2) 完全兼容 POSIX.1 标准

Linux 操作系统遵循 POSIX (Portable Operating System Interface,可移植操作系统接口)标准，因此在 Linux 下可通过相应的模拟器运行常见的 DOS 和 Windows 程序。这为用户从 Windows 转到 Linux 奠定了基础。

3) 多用户、多任务

Linux 支持多用户，各用户可以对自己的文件、设备有特殊的权限，保证了各用户之间的独立性。多任务则是现代计算机操作系统最主要的一个特点，Linux 可以使多个进程并发运行。

4) 良好的界面

Linux 同时具有字符界面和图形界面。Linux 的传统界面是基于文本的命令行界面，即 Shell。Shell 有很强的程序设计功能，便于用户编写程序，从而为用户扩充系统功能提供了更高级的手段。同时，Linux 也提供了一个称为 X-Windows 的类 Windows 图形用户界面，它利用鼠标、菜单、窗口、滚动条等向用户呈现一个直观、易操作、交互性强的友好的图形化界面。

5) 丰富的网络功能

Linux 继承了 UNIX 以网络为核心的设计思想，其完善的内置网络功能非常出色。通过将网络功能和内核紧密结合，Linux 不仅可以轻松实现网页浏览、文件传输、远程登录等与网络相关的工作，也可作为网络服务器平台搭建支持多种网络协议的服务器环境，提供 Web、FTP、E-mail 等多种类型的网络服务。

6) 可靠的系统安全

Linux 是一个多用户、多任务的操作系统，但其中的用户一般为非系统管理员用户，只拥有一些相对安全的普通权限，即便系统被入侵，也能因入侵者权限不足，使系统及其他用户文件的安全性得到保障。Linux 系统采取了许多安全技术措施，包括对读/写进行权限控制、带保护的子系统、审计跟踪、核心授权等，这为网络多用户环境中的用户提供了必要的安全保障。Linux 核心内容来源于经过长期实践考验的 UNIX 系统，本身已相当稳定，且 Linux 采用源代码开放的开发模式，这就保证了当 Linux 系统出现任何漏洞时都能被发现并很快得到改正。

7) 良好的可移植性

可移植性是指将操作系统从一个平台转移到另一个平台上后，它仍然能按其自身的方式运行。Linux 系统是一种可移植的操作系统，它可以运行在多种硬件平台上，如具有 x86、680x、SPARC、Alpha 等处理器的平台。此外，Linux 还是一种嵌入式操作系统，可以运行在掌上电脑、机顶盒或游戏机上。同时，Linux 也支持多处理器技术，系统中的多个处理器可同时运行，使系统中任务的执行效率得到良好的保障。

8) 设备独立性

设备独立性是指操作系统把所有的外部设备(如显卡、磁盘等)统一当做文件来看待，只要安装它们的驱动程序，任何用户都可以像使用文件一样操纵、使用这些设备，而不必知道它们的具体存在形式。Linux 操作系统秉承"一切皆文件"的思想，将其中的文件、设备等都作为文件来操作，具有很好的设备独立性。

2. Linux 的组成

Linux 系统一般由内核、文件系统、Shell 和应用程序四个主要部分组成。

1) 内核

内核是操作系统的核心，具有多任务、虚拟内存、共享库、需求加载、可执行程序和 TCP/IP 网络功能等最基本功能。Linux 内核的主要模块分为 CPU 和进程管理、存储管理、文件系统、设备管理和驱动、网络通信、系统的初始化和系统调用等部分。

2) 文件系统

文件系统是管理操作系统中文件的一组规则，它规定了数据在磁盘上的组织存储形式，也规定了系统访问数据的方式，文件的存储与访问都要依赖文件系统。通常情况下，一个分区只能被格式化为一个文件系统，分区与文件系统之间存在一一对应关系。但随着新技术的研发，一个分区也可以被格式化为多个文件系统，多个分区亦能合成一个文件系统。

Linux 系统能支持多种目前流行的文件系统，如 xfs、ext2、ext3、ext4、msdos、vfat 和 iso9660 等。

3) Shell

Shell 的原意为"壳"，它包裹在内核之外，处于用户与内核之间。其主要功能为接收用户输入的命令，找到命令所在位置并加以执行，因此，Shell 是一个命令解释器，提供了用户与内核进行交互操作的接口。另外，Shell 也是一种程序设计语言，在 Shell 中可以定义变量、传递参数，并提供许多高级语言所具有的流程控制结构，实现与其他应用程序同样的功能。

4) 应用程序

标准的 Linux 系统都有一套称为应用程序的程序集，它包括文本编辑器、编程语言、X-Windows、办公软件、影音工具、Internet 工具和数据库等。

1.3　GNU 项目计划

Linux 操作系统也被称为 GNU/Linux。GNU 是 GNU's Not UNIX 的递归缩写，它是由哈佛大学的学生 Richard Stallman 于 1983 年组织创建的。GNU 是一个完全基于自由软件的体系计划，GNU 项目计划的宗旨是试图创建一个与 UNIX 系统兼容，但并不受 UNIX 名称和源代码私有限制的操作系统和开发环境。也就是说，每一个人都可以在前人工作的基础上加以复用、修改或添加新内容，但必须公开源代码，允许其他人在这些基础上继续工作，以重现当年软件界合作互助的团队精神。

1985 年，Stallman 又创立了自由软件基金会(Free Software Foundation)来为 GNU 计划提供技术、法律及财政支持。当 GNU 计划开始逐渐获得成功时，一些商业公司开始介入开发和技术支持。

GNU 项目为软件社区提供了许多 UNIX 系统上应用程序的仿制品。所有程序(即 GNU 软件)都是在 GNU 通用公共许可证(General Public License，GPL)的条款下发布的。下面是 GPL 条款下发布的一些主要 GNU 项目软件：

- GCC(GNU Compiler Collection)：GNU 编译器集，它包括主要的 GNU 项目软件。
- G++：C++ 编译器，是 GCC 的一部分。
- GDB(GNU Symbolic Debugger)：源代码级的调试器。
- GNU make：UNIX make 命令的免费版本。
- Bison：与 UNIX yacc 兼容的语法分析程序生成器。
- bash：命令解释器(Shell)。
- GNU Emacs：文本编辑器及环境。

许多其他的软件包也是在遵守自由软件的原则和 GPL 条款的情况下开发和发行的，包括电子表格、源代码控制工具、编译器和解释器、因特网工具、图形图像处理工具等。

在这样一个背景下，Linux 自诞生之初便一直遵循"自由软件"的思想。它起初要求所有的源代码必须公开，而且任何人均不得从 Linux 交易中获利。但是后来 Linus 意识到这种纯粹的自由软件方式并不利于 Linux 的发展，因为它限制了 Linux 以磁盘拷贝或者 CD-ROM 等媒体形式进行发布的可能，也限制了一些商业公司参与 Linux 的进一步开发并提供技术支持的良好愿望。于是 Linus 决定转向 GPL 版权，这一版权除了规定有自由软件的各项许可权之外，还允许用户出售自己的程序副本并从中盈利。

这一版权上的转变对 Linux 后来的发展至关重要。此后，便有多家技术力量雄厚又善于市场运作的商业软件公司加入了这场原先完全由业余爱好者和网络黑客所参与的自由软件运动。他们开发出了多种 Linux 的发布版本，增加了更易于用户使用的图形界面和众多的软件开发工具，极大地拓展了 Linux 的性能和适用性。另外，也有多家著名的商业软件开发公司开发了基于 Linux 的商业软件，如 Oracle、Informix 等。

1.4　POSIX 标准

POSIX 是由 IEEE 和 ISO/IEC 开发的关于信息技术的标准。它的初衷是为了提高 UNIX 环境下应用程序的可移植性，即用于保证应用程序的源代码可以移植到多种操作系统上并正常运行。

这套标准于 1980 年由一个 UNIX 用户组(/usr/group)在早期工作的基础上取得。该 UNIX 用户组原来试图将 AT&T 的 System Ⅴ 和伯克利的 BSD(Berkeley Software Distribution)系统的调用接口之间的区别重新调用和集成，从而于 1984 年产生了 /usr/group 标准。

1985 年，IEEE 操作系统技术委员会标准小组(TCOS-SS)开始在 ANSI 的支持下责成 IEEE 标准委员会制定有关程序源代码可移植性操作系统服务接口的正式标准。

1988 年 9 月，第一个正式标准制定成功并获得批准，也就是后来经常提到的 POSIX.1 标准。POSIX.1 仅规定了系统服务应用程序接口(Application Programming Interface，API)，概括了基本的系统服务标准。

1989 年，POSIX 的工作被转移至 ISO/IEC 社团，由社团继续将其制作成 ISO 标准。

1990 年，POSIX.1 与已经通过的 C 语言标准联合，正式被批准为 IEEE 100 3.1-1990 和 ISO/IEC 99 45-1:1990 标准。

此后 POSIX 标准不断发展更新。1991—1993 年间，正是 Linux 刚刚起步的时候，POSIX 标准为 Linux 提供了极为重要的信息，使得 Linux 在标准的指导下开发，能够与绝大多数 UNIX 系统兼容。

第 2 章　安装 Linux 系统

在 Linux 的各个发行版本中，Ubuntu 和 CentOS 相对来说更为出色，其中 CentOS 在国内的用户更多，且与 Red Hat Enterprise Linux 的使用习惯更为相似，因此本书选择 CentOS 6.10 作为学习使用的开发环境。

2.1　前 期 准 备

在安装 Linux 操作系统之前，首先需要获取 CentOS 6.10 的镜像包，即安装文件。

1. 获取 CentOS 6.10

CentOS 的版本非常多，本书采用 CentOS 6.10 版本作为教学环境。CentOS 6.10 是 CentOS 6 的第 10 个更新版本，代表着 CentOS 6 维护更新 10 年了，CentOS 6.10 可以说是目前 CetnOS 最稳定的版本之一。鉴于 CentOS 官方网站的变革，读者可通过百度网盘下载包含 CentOS 6.10 的 32 位和 64 位安装包文件。

(1) 首先在浏览器中输入网址 https://pan.baidu.com/s/1ga5Jtc_W_ncce1wQVn49kg，然后在打开的页面中输入提取码 xhak，打开百度网盘，单击【CentOS-6.10】文件，进入如图 2.1 所示的目录。

图 2.1　CentOS 6.10 百度网盘

(2) CentOS 的每个版本一般有两个选项，其中 i386 适用于 32 位操作系统，x86_64 适用于 64 位操作系统。本书选用 64 位版本的【x86_64】文件。单击【x86_64】文件，进入如图 2.2 所示的 x86_64 下载目录。

图 2.2　CentOS 6.10 x86_64 下载目录

(3) 从图 2.2 中可看到关于 DVD ISO 和 Minimal ISO 的选项。DVD ISO 为标准安装版，一般选择这个安装即可；Minimal ISO 为迷你镜像版，只包含官方系统所需的软件包。本书选择 3.72GB 的 CentOS-6.10-x86_64-bin-DVD1.iso 作为 Linux 系统安装包。

每台物理计算机只能安装一个操作系统，但若直接在个人计算机上安装 CentOS，可能会对学习 Linux 之外的计算机使用造成影响。因此，需要借助一些虚拟机软件，在一台物理计算机中虚拟出多台计算机(称为虚拟机)，然后为每个虚拟机安装不同的操作系统。

2. 虚拟机

本书使用 VMware Workstation(简称 VMware)搭建虚拟机环境，VMware 是一款非常优秀的、应用于 Windows 系统中的虚拟机软件，读者可自行通过网络下载该软件进行安装。其下载和安装步骤比较简单，此处不再给出过程示例。本书使用 VMware 12，该软件的主要界面如图 2.3 所示。

图 2.3　VMware 12 主界面

需要注意的是，虚拟机的性能取决于物理机，且虚拟机技术本身会使虚拟机的性能有所下降，因此虚拟机对物理机硬件的要求较高，否则易产生卡顿、死机等现象。

2.2　新建一台虚拟机

准备好 VMware 虚拟机软件与 CentOS 6.10 版本的安装包后，便可开始搭建 CentOS 版本的 Linux 环境了。首先新建一台虚拟机，其具体操作步骤如下：

(1) 选择虚拟机向导。在如图 2.3 所示的 VMware 12 菜单栏中执行【文件】→【新建虚拟机】命令，新建一个虚拟机，弹出"新建虚拟机向导"对话框，如图 2.4 所示。可以选择【典型(推荐)(T)】或者【自定义(高级)(C)】两种配置类型。这里选择【自定义(高级)(C)】，单击【下一步(N)】按钮。

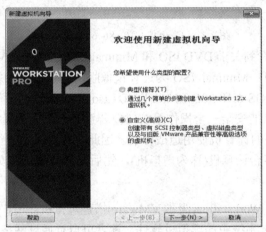

图 2.4　新建虚拟机向导图

(2) 选择虚拟机的兼容性。VMware Workstation 所创建的虚拟机保证向下兼容，在高版本的 VMware Workstation 中可以打开较低版本建立的虚拟机，反之则不行，这里按默认选择【Workstation 12.x】选项，如图 2.5 所示。

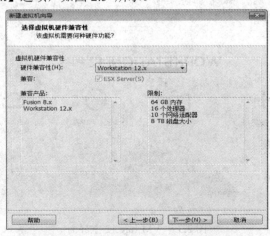

图 2.5　选择虚拟机硬件兼容性

　　(3) 选择安装客户机操作系统。单击图 2.5 中的【下一步(N)】按钮，出现"安装客户机操作系统"对话框，其中有【安装程序光盘(D)】、【安装程序光盘映像文件(iso) (M)】和【稍后安装操作系统(S)】三个选项，如图 2.6 所示。在此选择【稍后安装操作系统(S)】，单击【下一步(N)】按钮。

图 2.6　安装客户机操作系统

　　(4) 选择客户机操作系统。在如图 2.7 所示的"选择客户机操作系统"对话框中，选择【Linux(L)】，在【版本(V)】下拉列表框中选择【CentOS 64 位】选项，单击【下一步(N)】按钮。

图 2.7　选择客户机操作系统

(5) 命名虚拟机。在图 2.8 所示的"命名虚拟机"对话框中，输入虚拟机名称
【CentOS6.10】，并选择虚拟机的存储位置【D:\CentOS6.10】，单击【下一步(N)】按钮。

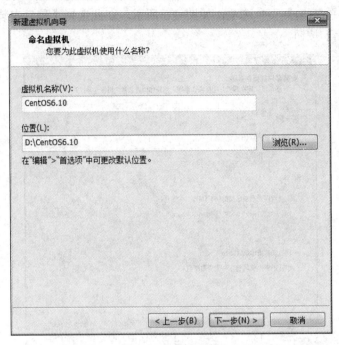

图 2.8　命名虚拟机

(6) 配置处理器。在图 2.9 所示的"处理器配置"对话框中，保持默认配置，单击【下
一步(N)】按钮。

图 2.9　处理器配置

(7) 指定虚拟机内存。在图 2.10 所示的"虚拟机内存"对话框中，选择 2GB，单击【下一步(N)】按钮。

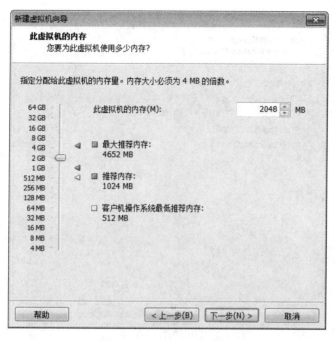

图 2.10　虚拟机内存

(8) 选择网络类型。在图 2.11 所示的"网络类型"对话框中，保持默认配置，单击【下一步(N)】按钮。

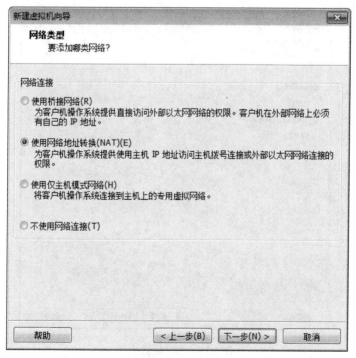

图 2.11　网络类型

(9) 选择 I/O 控制器类型。在图 2.12 所示的"选择 I/O 控制器类型"对话框中，保持默认配置，单击【下一步(N)】按钮。

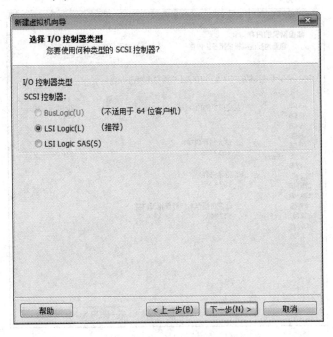

图 2.12　选择 I/O 控制器类型

(10) 选择磁盘类型。在图 2.13 所示的"选择磁盘类型"对话框中，保持默认配置，单击【下一步(N)】按钮。

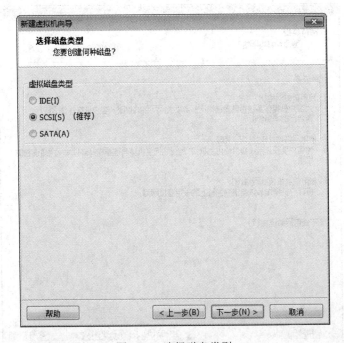

图 2.13　选择磁盘类型

(11) 选择磁盘。在图 2.14 所示的"选择磁盘"对话框中，保持默认配置，单击【下一步(N)】按钮。

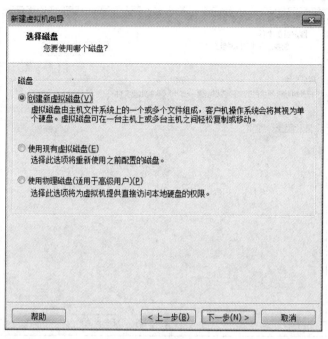

图 2.14　选择磁盘

(12) 指定磁盘容量。在图 2.15 所示的"指定磁盘容量"对话框中，设置磁盘大小为 40GB，选择【将虚拟磁盘存储为单个文件(O)】，然后单击【下一步(N)】按钮。

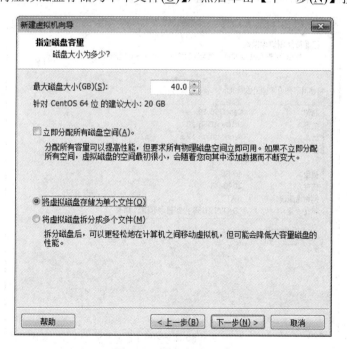

图 2.15　指定磁盘容量

(13) 指定磁盘文件。在图 2.16 所示的"指定磁盘文件"对话框中，保持默认配置，单击【下一步(N)】按钮。

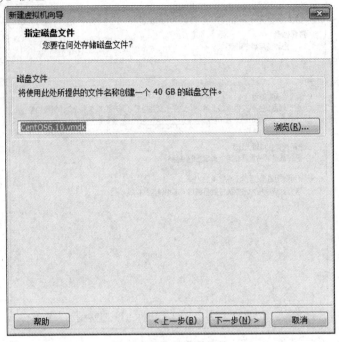

图 2.16 指定磁盘文件

(14) 确认已准备好创建虚拟机。在图 2.17 所示的"已准备好创建虚拟机"对话框中，单击【完成】按钮，弹出图 2.18 所示的虚拟机运行窗口。

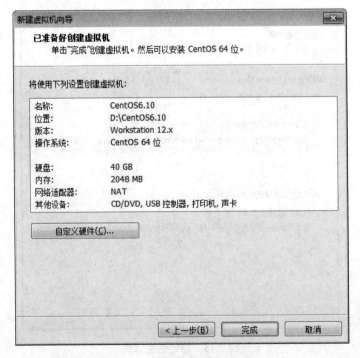

图 2.17 已准备好创建虚拟机

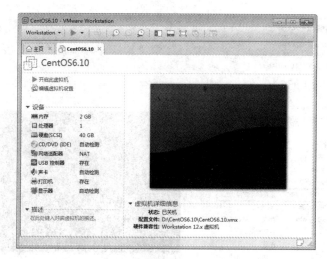

图 2.18　虚拟机运行窗口

至此，一台适合于安装 64 位的 CentOS Linux 6 的虚拟机创建完成。

2.3　在虚拟机上安装 CentOS Linux 6

在虚拟机上安装 CentOS Linux 6 的操作步骤如下：

(1) 设置光盘镜像文件，启动自动安装程序。在图 2.18 所示的"虚拟机运行窗口"中的左侧设备区域选择光驱【CD/DVD(IDE)】，弹出"虚拟机设置"对话框，如图 2.19 所示。保持默认设备状态为【启动时连接(O)】，选择【使用 ISO 映像文件(M)】，单击【浏览(B)…】按钮，选定磁盘上已经准备好的 CentOS-6.10-x86_64-bin-DVD1.iso 镜像文件的路径，然后单击【确定】按钮，回到如图 2.20 所示的"虚拟机运行窗口"，观察到矩形框中的光驱【CD/DVD(IDE)】正在使用文件 D:\CentOS-6.10-x86_64-bin-DVD1.iso，接着单击该窗口左上角箭头指示的【开启此虚拟机】按钮，启动虚拟机光盘安装包中的自动引导安装程序，进入"自动引导安装欢迎界面"，如图 2.21 所示。

图 2.19　虚拟机设置

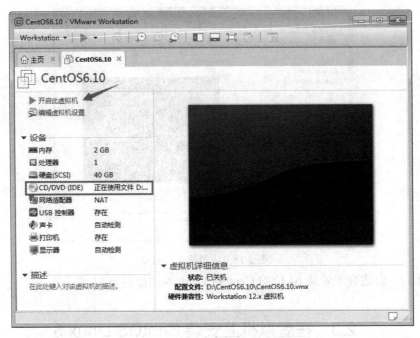

图 2.20　虚拟机运行窗口

(2) 检测虚拟机硬件。在图 2.21 中，保持默认选项【Install or upgrade an existing system】，按【Enter】键，进入虚拟机硬件检测状态，如图 2.22 和图 2.23 所示。在图 2.23 中，选择【Skip】按钮，进入图 2.24 所示的"CentOS 6 安装主界面"。

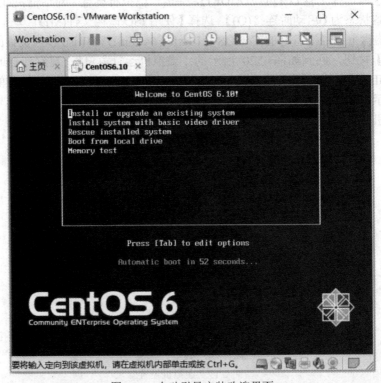

图 2.21　自动引导安装欢迎界面

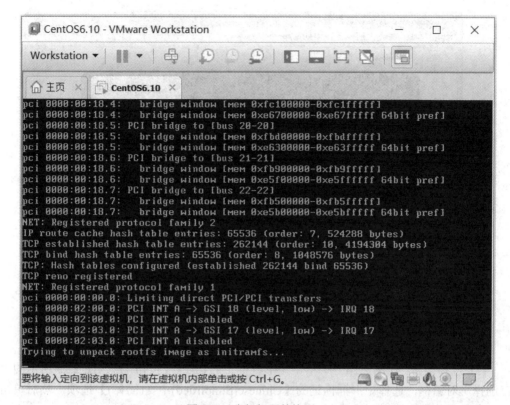

图 2.22　虚拟机硬件检测

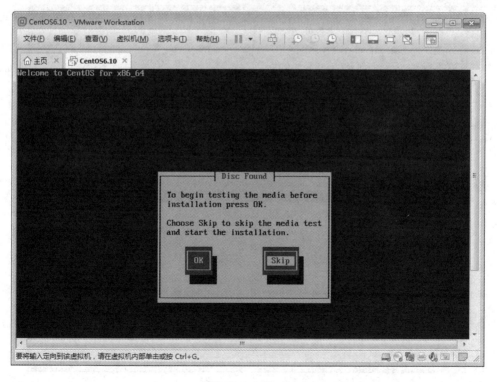

图 2.23　media test

图 2.24　　CentOS 6 安装主界面

(3) 选择语言。在图 2.24 中，单击矩形框标记的【Next】按钮，进入图 2.25 所示的"语言选择"对话框，选择矩形框标记的【Chinese(Simplified)中文(简体)】选项，然后单击箭头指示的【Next】按钮，进入图 2.26 所示的"键盘选择"对话框。

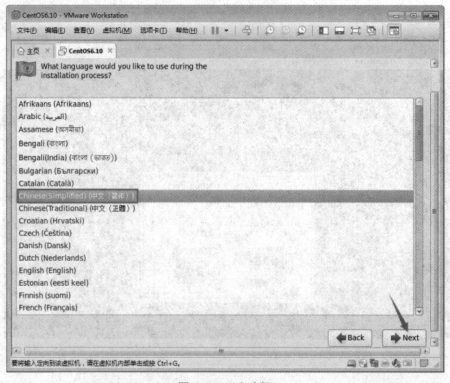

图 2.25　　语言选择

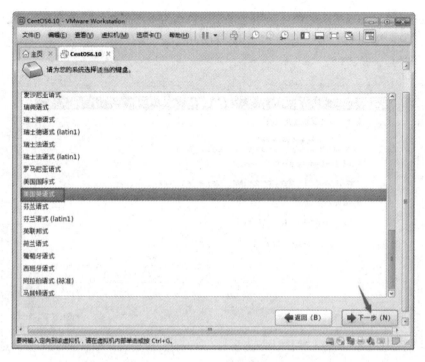

图 2.26　键盘选择

(4) 选择键盘。在图 2.26 中，选择矩形框标记的【美国英语式】选项，然后单击箭头指示的【下一步(N)】按钮，进入图 2.27 所示的"存储设备选择"对话框。

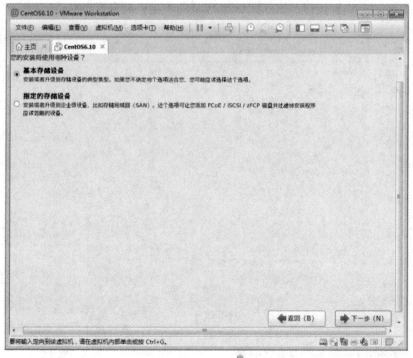

图 2.27　存储设备选择

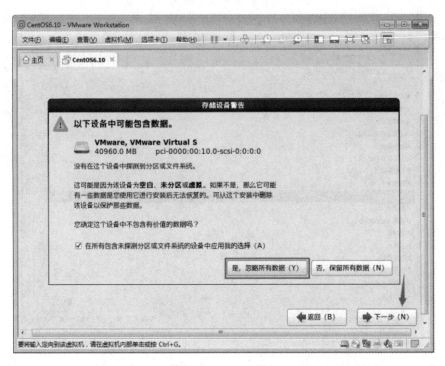

图 2.28　存储设备警告

　　(5) 选择存储设备。在图 2.27 中，保持默认选择【基本存储设备】，单击【下一步(N)】按钮，进入图 2.28 所示的"存储设备警告"对话框，选择【是，忽略所有数据(Y)】按钮，然后单击【下一步(N)】按钮，进入图 2.29 所示的"主机名设置"对话框。

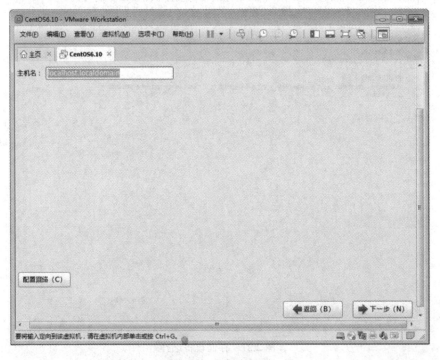

图 2.29　主机名设置

(6) 设置主机名。在图 2.29 中，保持默认主机名为【localhost.localdomain】，单击【下一步(N)】按钮，进入图 2.30 所示的"选择城市"对话框。

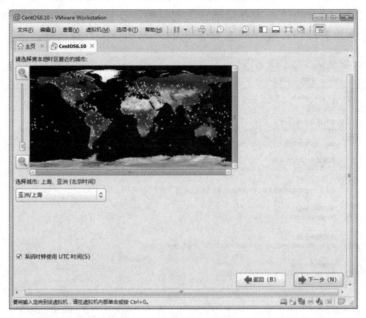

图 2.30　选择城市

(7) 选择城市。在图 2.30 中，保持默认城市【亚洲/上海】选项，单击【下一步(N)】按钮，进入图 2.31 所示的"根用户密码设置"对话框。

(8) 设置根用户密码。在图 2.31 中，设置密码，然后单击【下一步(N)】按钮，进入图 2.32 所示的"安装类型选择"对话框。

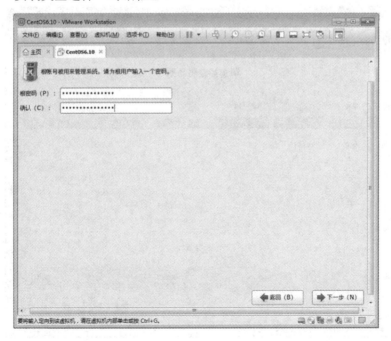

图 2.31　根用户密码设置

(9) 选择安装类型。在图 2.32 中，选择【创建自定义布局】，然后单击【下一步(N)】按钮，进入图 2.33 所示的"源驱动器选择"对话框，选择【sda】，然后单击【创建(C)】按钮，进入图 2.34 所示的"生成存储选择"对话框。在图 2.34 中，保持默认选择【标准分区】，单击【创建】按钮，进入图 2.35 所示的"添加分区"对话框。

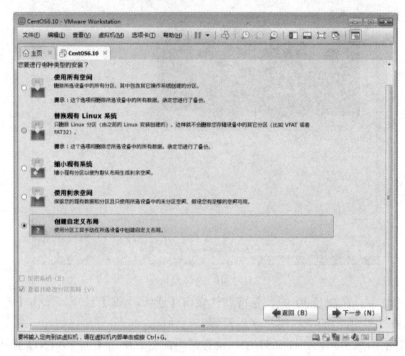

图 2.32　安装类型选择

图 2.33　源驱动器选择

图 2.34　生成存储选择

(10) 添加分区。在图 2.35 中，选择挂载点【/boot】选项，进入图 2.36 所示的"添加 /boot 分区"对话框。在图 2.36 中，保持默认类型为【ext4】，设置其大小为 300MB，选择 【强制为主分区(P)】，然后单击【确定(O)】按钮，进入图 2.37 所示的"选择源驱动器(1)" 对话框。重复上述步骤，创建"Swap 分区"， 进入如图 2.38 所示的"选择源驱动器(2)" 对话框。重复上述步骤，创建根分区，进入如图 2.39 所示的"添加/分区"对话框。

图 2.35　添加分区

图 2.36　添加/boot 分区

图 2.37　选择源驱动器(1)

图 2.38　选择源驱动器(2)

图 2.39　添加/分区

　　(11) 创建/home 分区。如图 2.40 所示，保持默认类型为【ext4】，设置其大小为 8192 MB，然后单击【确定(O)】按钮。注意：此处不选择【强制为主分区(P)】。按照创建 /home 分区的设置，完成 /usr、/var、/tmp 分区的设置，完整分区情况如图 2.41 所示。

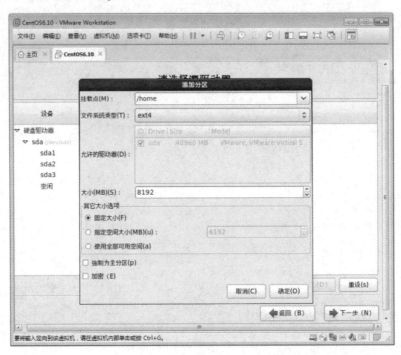

图 2.40　添加/home 分区

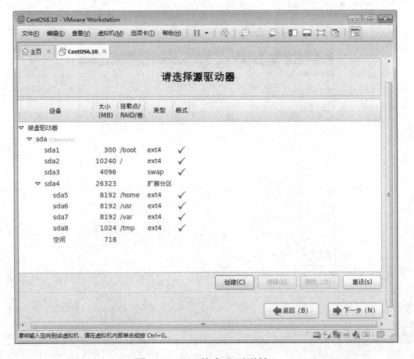

图 2.41　sda 整个分区详情

(12) 设置引导装载程序。在图 2.41 中，单击【下一步(N)】按钮，进入图 2.42 所示的
"引导装载程序设置"对话框，保持默认，单击【下一步(N)】按钮，进入图 2.43 所示的
"sda 格式化警告"对话框，单击【格式化(F)】按钮，进入图 2.44 所示的"将存储配置写
入磁盘"对话框。

图 2.42　引导装载程序设置

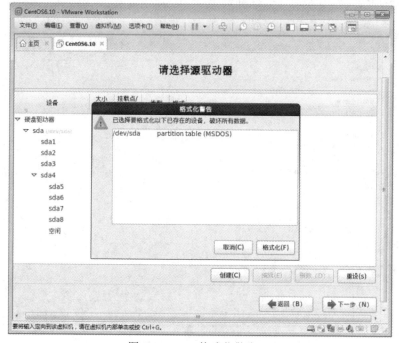

图 2.43　sda 格式化警告

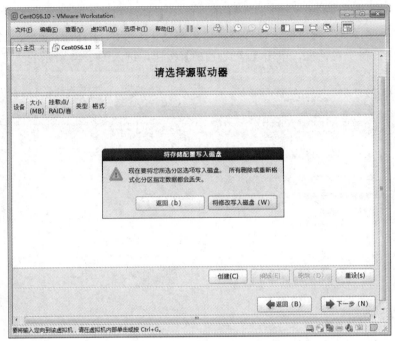

图 2.44　将存储配置写入磁盘

(13) 选择安装库及安装软件。在图 2.44 中，单击【将修改写入磁盘(W)】按钮，完成写入磁盘任务后，进入图 2.45 所示的"选择安装库及安装软件"对话框，保持默认【Desktop】选项，单击【下一步(N)】按钮，进入图 2.46 所示的界面，开始安装。整个过程需安装 1133 个软件，大约需要 15 分钟。安装完成后，进入图 2.47 所示的"安装完成"对话框。

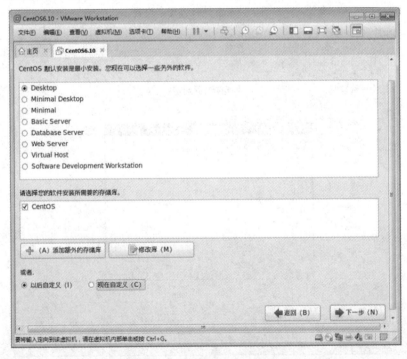

图 2.45　选择安装库及安装软件

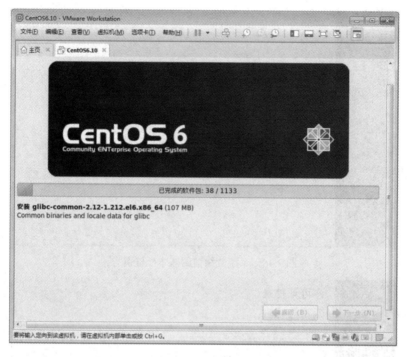

图 2.46　安装开始

(14) 基本配置引导。在图 2.47 中，单击【重新引导(t)】按钮，进入图 2.48 所示的"系统就绪前的基本配置引导"界面，单击【前进(F)】按钮，进入图 2.49 所示的"许可证信息"界面，保持默认选项【是，我同意该许可协议(Y)】,单击【前进(F)】按钮，进入图 2.50 所示的"创建用户"界面。

图 2.47　安装完成

图 2.48　系统就绪前的基本配置引导

图 2.49　许可证信息

图 2.50　创建用户

(15) 创建用户，设置日期。在图 2.50 中，设置用户名为 hue、全名为 hue，设置密码并确认密码后，单击【前进(F)】按钮，进入图 2.51 所示的"日期和时间设置"界面，设置好日期和时间后，单击【前进(F)】按钮，进入图 2.52 所示的"Kdump 设置"界面。

图 2.51　日期和时间设置

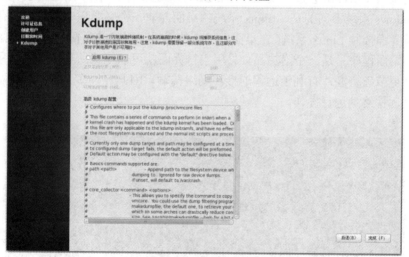

图 2.52　Kdump 设置

在图 2.52 中，取消选择【启用 Kdump(E)】，单击【完成(F)】按钮，重启系统完成系统安装和就绪前重新引导配置过程。

至此，在虚拟机上安装中文版 CentOS Linux 6 操作系统的操作全部完成。

2.4　进入登录界面

CentOS 安装完成并自动重启之后，就会进入登录界面，如图 2.53 所示，选择之前创建的用户 hue 并输入密码。

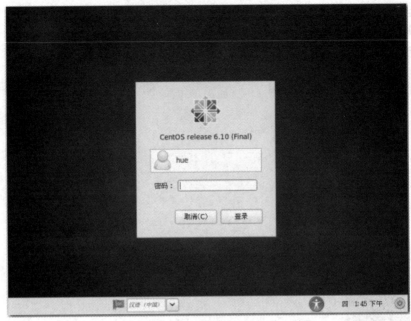

图 2.53　登录 CentOS

成功登录系统后，就会进入桌面。CentOS 自带的桌面程序为 GNOME，如图 2.54 所示。和 Windows 系统不同的是，Linux 系统的桌面并非一个必要程序，即使没有桌面依然可以用字符界面控制 Linux 系统。在桌面环境下使用操作系统非常简单方便，但对于 Linux 系统而言，桌面程序只是一个附加品，只用字符界面就可以完成所有操作，而且比图形界面更稳定、更节省资源，有利于远程连接和网络传输。因此，许多 Linux 服务器不安装桌面，只通过远程终端进行操作。

图 2.54　GNOME 桌面

2.5　网络配置

服务器是 Linux 最主要的应用领域，Linux 服务器可以提供包括 Web、FTP、DNS、DHCP、数据库和邮箱等多种类型的服务，但这些服务都离不开网络环境。因此，Linux 网络环境配置是 Linux 环境配置中必不可少的环节，下面将对基于 VMware 虚拟机配置 Linux 系统网络环境的方法进行介绍。

1. VMware 网络配置

VMware 提供了虚拟网络功能，可以很方便地进行网络环境部署。在 VMware 主界面菜单栏中点击【编辑】→【虚拟网络配置】命令，打开如图 2.55 所示的对话框，便可以查看网络配置。

图 2.55　VMware 虚拟网络编辑器

由图 2.55 可知，VMware 提供了【桥接模式(将虚拟机直接连接到外部网络)(B)】、【NAT 模式(与虚拟机共享主机的 IP 地址)(N)】和【仅主机模式(在专用网络内连接虚拟机)(H)】这三种网络模式，这些模式对应的名称分别为 VMnet0、VMnet8 和 VMnet1。关于这三种模式的具体内容如下：

1) 桥接模式

当虚拟机的网络处于桥接模式时，相当于这台虚拟机与物理机同时连接到一个局域网，这两台机器的 IP 地址将处于同一个网段中。以目前家庭普遍使用的宽带上网环境为例，其网络结构如图 2.56 所示。

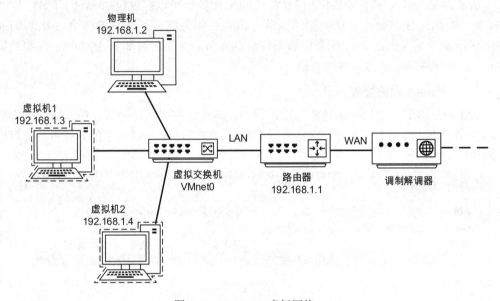

图 2.56   VMnet0 虚拟网络

图 2.56 中的两台虚拟机和一台物理机同时处于一个局域网中，若路由器已经接入网络，则图中的三台计算机都可以访问外部网络。虚拟机处于桥接模式下，则表明该虚拟机同物理机等价，即虚拟机可直接连接到外部网络。

2) NAT 模式

NAT 是 VMware 虚拟机中默认使用的模式，其网络结构如图 2.57 所示。

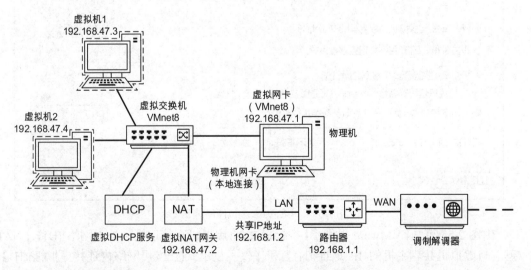

图 2.57   VMnet8 虚拟网络

图 2.57 中，物理机网卡和 VMnet8 虚拟网络中的 NAT(网络地址转换)网关共享同一个 IP 地址 192.168.1.2，因此只要物理机网络通畅，虚拟机便能上网。为了让物理机和虚拟机能够直接互访，需要在物理机中增加一个虚拟网卡接入 VMnet8 虚拟交换机中。

3) 仅主机模式

仅主机模式与 NAT 模式相似，但是在该网络中没有虚拟 NAT，因此只有物理机能上网而虚拟机无法上网，虚拟机只能在 VMnet1 虚拟网内相互访问。其网络结构如图 2.58 所示。

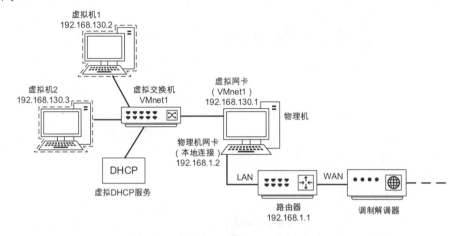

图 2.58　VMnet1 虚拟网络

VMnet8 和 VMnet1 这两种虚拟网络都需要虚拟网卡实现物理机与虚拟机的互访，VMware 在安装时自动为这两种虚拟网络安装了虚拟网卡。在物理机(Windows 系统)中打开命令提示符，输入命令 ipconfig 查看网卡信息，从这些信息中可以找到 VMnet8 和 VMnet1 虚拟网卡，如图 2.59 所示。

图 2.59　Windows 物理机查看 VMware 网卡信息

2. 更改虚拟机网络模式

在 VMware 中，桥接、NAT 和仅主机这三种模式是共存的，但是一台虚拟机只能使用其中一种模式。在 VMware 的菜单栏中执行【虚拟机】→【设置】命令，在弹出的"虚拟机设置"对话框中选择【网络适配器】，可以查看或更改虚拟机的网络模式，如图 2.60 所示。

图 2.60　虚拟机设置

在图 2.60 所示的窗口右侧有一个【高级(V) ...】按钮，单击后可以打开"网络适配器高级设置"对话框，如果需要查看或更改虚拟机网卡的 MAC 地址，则可以在此处进行设置。

3. Linux 网络配置

如图 2.61 所示的 Linux GNOME 桌面的右上角有一个代表网络状态的小电脑图标处于"不通"状态，下面通过对 Linux 虚拟机进行网络配置解决此问题。

图 2.61　虚拟机网络不通

在进行网络配置前，通过 ifconfig –a 命令可以查看 Linux 系统中所有的网卡信息，如图 2.62 所示。

```
[root@localhost ~]# ifconfig -a
eth0      Link encap:Ethernet   HWaddr 00:0C:29:CC:70:B0
          inet6 addr: fe80::20c:29ff:fecc:70b0/64 Scope:Link
          UP BROADCAST RUNNING MULTICAST  MTU:1500  Metric:1
          RX packets:918 errors:0 dropped:0 overruns:0 frame:0
          TX packets:3 errors:0 dropped:0 overruns:0 carrier:0
          collisions:0 txqueuelen:1000
          RX bytes:68135 (66.5 KiB)  TX bytes:258 (258.0 b)

lo        Link encap:Local Loopback
          inet addr:127.0.0.1  Mask:255.0.0.0
          inet6 addr: ::1/128 Scope:Host
          UP LOOPBACK RUNNING  MTU:65536  Metric:1
          RX packets:88 errors:0 dropped:0 overruns:0 frame:0
          TX packets:88 errors:0 dropped:0 overruns:0 carrier:0
          collisions:0 txqueuelen:0
          RX bytes:6800 (6.6 KiB)  TX bytes:6800 (6.6 KiB)

[root@localhost ~]# _
```

图 2.62　Linux 虚拟机查看网卡

由图 2.62 可知，目前系统中共有两个网卡，第 1 个是 eth0(即编号为 0 的以太网卡)，第 2 个是 lo(即本地回环网卡)。其中 eth0 网卡用于访问外部网络，默认情况下是关闭的；lo 网卡用于在本机内部访问，IP 地址为 127.0.0.1(即 Loopback Address，本机回送地址)。

如果使用 VMware 的 NAT 模式或仅主机模式，那么网络中的虚拟机可以通过 DHCP(动态主机配置协议)自动获取 IP 地址。但是在真实环境中，应为所有的服务器配置静态 IP 地址，以确保通过一个 IP 地址便能找到一台服务器。下面分别介绍如何配置动态和静态 IP 地址。

1) 动态 IP

为了使 eth0 网卡工作，应通过 ifup eth0 命令临时启动该网卡，也可以修改 eth0 网卡的配置文件，使该网卡自动启动。接下来切换到网卡配置文件 ifcfg-eth0 所在的目录。

[root@localhost ~]# cd /etc/sysconfig/network-scripts/

在修改配置文件之前，为了防止配置出错，建议提前备份该配置文件 ifcfg-eth0。

[root@localhost network-scripts]# cp ifcfg-eth0 ifcfg-eth0.bak

然后通过 vi 编辑器修改网卡配置文件。

[root@localhost network-scripts]# vi ifcfg-eth0

打开配置文件，具体内容如下所示：

DEVICE=eth0

HWADDR=00:0C:29:CC:70:B0

TYPE=Ethernet

UUID=8d784001-89a0-42f7-b9ce-fd88bdf8bf8f

ONBOOT=no

NM_CONTROLLED=yes

BOOTPROTO=dhcp

在上述配置中，需要重点关注的是 ONBOOT 和 BOOTPROTO 这两个选项。其中 ONBOOT 用于设置网卡是否自动启动，默认值为 no，更改为 yes 即可实现自动启动；BOOTPROTO 用于设置获取 IP 的方式，分为动态和静态两种，默认方式为 dhcp，表示动态获取 IP。修改完成后，保存并退出编辑，然后执行重新加载网络服务的命令 service network reload 使配置生效。在配置生效之后，通过 ifconfig 命令查看 eth0 网卡的状态，如图 2.63 所示。

```
[root@localhost network-scripts]# service network reload
Shutting down interface eth0:  Device state: 3 (disconnected)
                                                             [  OK  ]
Shutting down loopback interface:                            [  OK  ]
Bringing up loopback interface:                              [  OK  ]
Bringing up interface eth0:  Active connection state: activating
Active connection path: /org/freedesktop/NetworkManager/ActiveConnection/1
state: activated
Connection activated
                                                             [  OK  ]
[root@localhost network-scripts]# ifconfig
eth0      Link encap:Ethernet  HWaddr 00:0C:29:CC:70:B0
          inet addr:192.168.47.130  Bcast:192.168.47.255  Mask:255.255.255.0
          inet6 addr: fe80::20c:29ff:fecc:70b0/64 Scope:Link
          UP BROADCAST RUNNING MULTICAST  MTU:1500  Metric:1
          RX packets:2869 errors:0 dropped:0 overruns:0 frame:0
          TX packets:41 errors:0 dropped:0 overruns:0 carrier:0
          collisions:0 txqueuelen:1000
          RX bytes:216455 (211.3 KiB)  TX bytes:4044 (3.9 KiB)
```

图 2.63　通过 ifconfig 命令查看 eth0 网卡的状态

在图 2.63 中可以看出，eth0 网卡已经获取 IP 地址 192.168.47.130，说明虚拟机已经成功连接到 NAT 网络中。此时，发现图 2.61 所示的 Linux GNOME 桌面右上角的小电脑图标已处于"连通"状态，如图 2.64 所示。

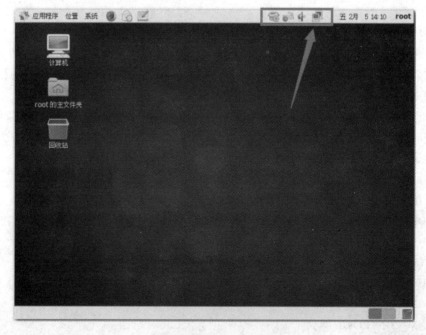

图 2.64　虚拟机网络连通

如果在重新加载网络服务时报错，则可能是网卡配置文件更改有误或 VMware 虚拟网络配置有误，那么按照前面讲解的内容检查并更正即可。

2) 静态 IP

静态 IP 是用户手动设置的 IP，设置后固定不变，因此只要将 ifcfg-eth0 配置文件中 BOOTPROTO 的值设置为 static，将 IPADDR(IP 地址)的值设置为其所在子网中正确的、无冲突的 IP 地址即可。

假设在 VMware 的 NAT 模式中，子网 IP 为 192.168.47.0、VMnet8 虚拟网卡 IP 为 192.168.47.1，NAT 网关 IP 为 192.168.47.2、DHCP 地址池为 192.168.47.128~192.168.47.254，则 192.168.47.3~192.168.47.127 范围内的 IP 都可以作为静态 IP 使用。

接下来打开 ifcfg-eth0 配置文件进行修改，修改后的配置文件如下所示。

```
...(此处省略了前面几行)
BOOTPROTO=static
IPADDR=192.168.47.3
NETMASK=255.255.255.0
GATEWAY=192.168.47.2
DNS1=192.168.47.2
```

上述配置将 BOOTPROTO 的值由 dhcp 修改为 static，然后增加了 IPADDR(IP 地址)、NETMASK(子网掩码)、GATEWAY(网关)和 DNS1(首选域名服务器)。其中，若网关不设置，则虚拟机只能在局域网内访问，无法访问外部网络；若 DNS 不设置，则无法解析域名。

修改配置文件后执行 service network reload 命令使配置生效即可。在配置生效后，可以通过如下操作查看当前的默认网关和 DNS 服务器。

```
[root@localhost ~]# route | grep default
default          192.168.47.2    0.0.0.0          UG      0        0        0 eth0
[root@localhost ~]# cat /etc/resolv.conf
# Generated by NetworkManager
nameserver 192.168.47.2
[root@localhost ~]#
```

4. 访问测试

无论是 Windows 还是 Linux 系统，都提供了 ping 命令用于检测网络是否连通。在物理机(Windows 系统)中打开命令提示符，执行"ping 虚拟机 IP 地址"命令，运行结果如图 2.65 所示。

由图 2.65 可知，物理机共向 IP 地址 192.168.47.3 发送了 4 次 ping 请求，且 4 次请求都发送成功，发送的数据包为 32 字节，响应时间小于 1 ms，TTL(生存时间)值为 64。其中 TTL 在发送时的默认值为 64，每经过一个路由 TTL 值减 1，此处显示的最终结果为 64，说明中间没有经过路由。

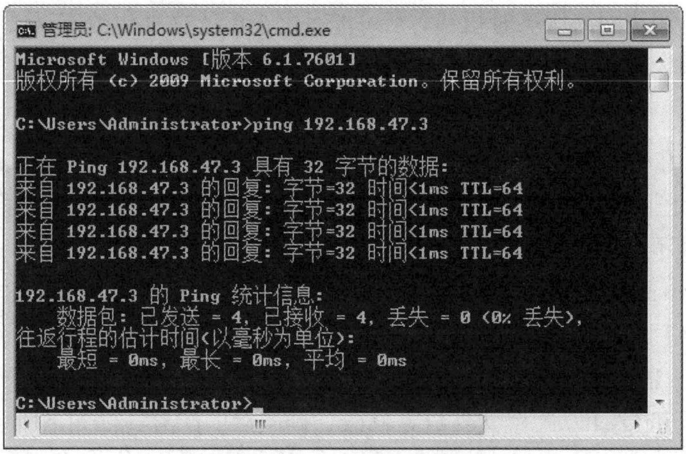

图 2.65　物理机 ping 虚拟机

使用虚拟机 ping 物理机时，物理机(Windows 系统)的防火墙若为开启状态，ping 将会失败。可以临时关闭 Windows 防火墙，或者将防火墙入站规则中的"文件和打印机共享(回显请求-ICMPv4-In)"设置为"允许连接"。在解决防火墙问题后，虚拟机 ping 物理机的执行结果如图 2.66 所示。

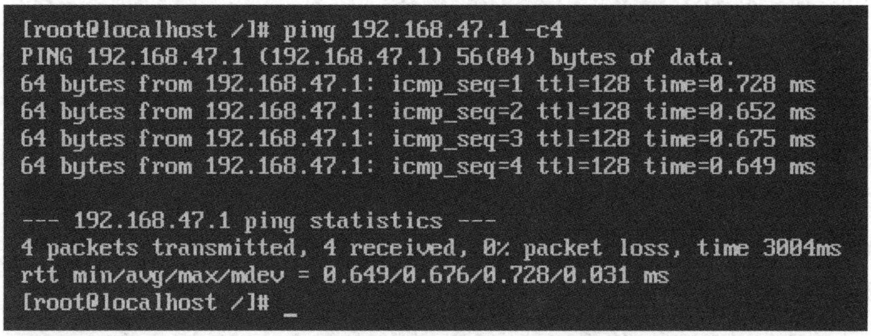

图 2.66　虚拟机 ping 物理机

由图 2.66 可知，在 Linux 中使用 ping 命令时加上了参数"-c4"，该参数表示 ping 执行的次数为 4。如果省略该参数，ping 命令会一直执行，直到按【Ctrl+C】组合键停止程序为止。

在测试了局域网内的访问后，还需要测试虚拟机能否访问外网。在物理机正确接入外网的前提下，用虚拟机 ping 外部主机(如 ping baidu.com)是可以 ping 通的。如果在正确配置后虚拟机仍然无法访问网络，则有可能是物理机中安装了多个网卡，而 VMware 会自动使用优先级较高的网卡(无论该网卡是否接入外网)，此时更改网卡优先级或者禁用这些网卡可以解决问题。在默认情况下，新安装的网卡优先级高于原有网卡，但 VMnet1 和 VMnet8 这两个虚拟网卡的优先级低于本地连接网卡，这样可以避免影响用户正常使用网络。

第3章　Linux 常用命令

Linux 系统中几乎所有的操作都可通过命令实现。Linux 系统是在命令行下面诞生的。根据命令的功能，人们对 Linux 系统中的命令进行了分类，其中最常用、最基础的 Linux 命令是文件操作命令和帮助命令。

3.1　命令格式

Linux 系统中的命令遵循如下的基本格式：

```
command [options] [arguments]
```

其中 command 表示命令的名称；options 表示选项，定义了命令的执行特性；arguments 表示命令作用的对象，符号[ ]表示为可选项。例如：

```
rm -r dir
```

该语句的功能为删除目录 dir，其中 rm 为命令的名称，表示删除文件；-r 为选项，表示删除目录中的文件和子目录；dir 为命令作用的对象，该对象是一个目录。Linux 系统中的命令都遵循以上格式，命令中的选项和参数可酌情缺省。

命令的选项有两种，分别为长选项和短选项。以上示例中的选项 -r 为短选项，对应的长选项为 --recursive。长/短选项的区别在于，多个短选项可以组合使用，但长选项只能单独使用。例如，rm 命令还有一个常用选项-f，表示在进行删除时不再确认，该选项可与 -r 组成组合选项 -rf，表示直接删除目录中的文件和子目录，不再一一确认；若使用长选项实现以上功能，则需要使用以下命令：

```
rm --recursive --force dir
```

与短选项相比，长选项显然比较麻烦，因此 Linux 命令中通常不使用长选项。

3.2　【Tab】键和【方向】键

在 Linux 系统中，有太多的命令和文件名需要记忆，【Tab】键可以根据用户键入的前缀字母来快速查找匹配用户所需的文件或子目录，即用户使用【Tab】键命令补全功能可以快速地写出文件名和命令名，这在 Linux 的平常使用中是不可缺少的。例如，若需要快速地从当前所在目录切换到/usr/src/kernels/目录，可以执行以下操作：

```
[root@localhost ~]# cd /u<Tab>/sr<Tab>/k<Tab>
```

这里<Tab>表示按【Tab】键的意思，命令行中一共使用了 3 次自动补全功能。当在 "/u"

后按下第 1 个【Tab】键时，系统会立即给出"/usr"；当在"/usr/sr" 后按下第 2 个【Tab】
键时，会立即出现"/usr/src/"；在第 3 个【Tab】键的作用下，用户很快得到了完整的目
标路径"/usr/src/kernels/"。

此外，【Tab】键还可以提供符合用户前缀的多个目标选项，以供用户参考。具体操作
是连续两次按下【Tab】键。这对于切换路径中，需要键入的名称比较长、又难以记清的
情况十分有效。例如，若需要从当前所在目录切换到/etc/sysconfig/network-scripts/目录下，
可以执行以下操作：

```
[root@localhost ~]# cd /etc/sys<Tab><Tab>
sysconfig/              sysctl.d/              system-release-cpe
sysctl.conf             system-release
[root@localhost ~]# cd /etc/sysco<Tab>
[root@localhost ~]# cd /etc/sysconfig/net<Tab><Tab>
netconsole        network          networking/          network-scripts/
[root@localhost ~]# cd /etc/sysconfig/network-<Tab>
```

可以看出，在前缀符"/etc/sys"后第 1 次按下【Tab】键并没有自动补全，因为存在
多个选项，此时第 2 次按下【Tab】键便可输出具有共同前缀"sys"的 5 个选项，从中需
要选择"sysconfig/"时，则只需继续键入"co"，然后按【Tab】键自动补全。后面以此
操作下去，便可快速、方便地完成目录切换任务。

在操作 Linux 系统的时候，每一个操作的命令都会按序记录到命令历史中，用户可以
使用【↑】方向键快速查看、选择前不久刚刚使用过的命令，每按一次【↑】键，则向上
查看一条命令，反之，每按一次【↓】键，则向下查看一条命令，从而给用户提供重复使
用已键入命令的功能，十分方便。

3.3　文件操作命令

Linux 操作系统秉持"一切皆文件"的思想，将其中的文件、设备等都作为文件来操
作。因此，文件操作命令是 Linux 常用命令的基础，也是至关重要的一部分。文件操作命
令又可细分为四类，分别为文件处理命令、文本内容显示命令、权限管理命令以及文件搜
索命令。

3.3.1　文件处理命令

常用的文件处理命令有 ls、cd、pwd、touch、mkdir、cp、mv、rm、rmdir 等，涵盖了
文件的属性查看、目录切换、目录或文件的创建、删除、复制、重命名等功能。

1. ls

ls 命令的原意为 list，即列出，用于列出参数的属性信息，其命令格式如下：

```
ls [选项] [参数]
```

ls 命令的参数通常为文件或目录，其常用选项如表 3.1 所示。

表 3.1　ls 命令常用选项表

选　项	说　明
-l	以详细信息的形式显示出当前目录下的文件
-a	显示当前目录下的全部文件(包括隐藏文件)
-d	查看目录属性
-t	按创建时间顺序列出文件
-i	输出文件的 inode 编号
-R	列出当前目录下的所有文件信息，并以递归的方式显示各个子目录中的文件和子目录信息

注意：

(1) 当参数缺省时，ls 命令默认列出当前目录中的内容。

(2) 当以 ls -a 显示所有文件信息时会发现结果中多了许多以“.”开头的文件，这些文件是 Linux 中的隐藏文件。隐藏文件中又有两个特殊的文件：“.”和“..”，分别代表当前目录和上一级目录。

2. cd

cd 命令的原意为 change directory，即更改目录。若执行该命令的用户具有切换目录的权限，cd 命令将更改当前工作目录到目标目录。该命令的格式如下：

```
cd 参数
```

cd 命令没有选项，其参数不可省略。例如：

```
[root@localhost ~]# cd /
[root@localhost /]# cd etc
[root@localhost etc]# cd ~
[root@localhost ~]# cd ..
[root@localhost /]# cd /etc/sysconfig/network-scripts/
```

以上共有 5 条路径切换命令，它们对应的功能依次如下：

- 切换工作路径到 Linux 系统的根目录/中；
- 切换工作路径到当前目录的子目录 etc 中；
- 切换工作路径到当前用户的家目录 ~ 中；
- 切换工作路径到当前用户的上一级目录；
- 切换工作路径到/etc/sysconfig/network-scripts/目录中。

注意：

(1) 参数中以“/”开头的代表绝对路径，即从 Linux 系统唯一的 /(根)开始查询目录目标。

(2) 参数中还可以使用相对路径，相对路径表示从当前目录开始，循序到所需的目录下。

3. pwd

pwd 命令的原意为 print working directory，即打印当前工作目录的绝对路径。该命令不带参数，直接使用。例如：

```
[root@localhost ~]# pwd
```

```
/root
[root@localhost ~]# cd /
[root@localhost /]# pwd
/
```

- 执行第一个 pwd，打印出当前"~"(即用户的家目录)的绝对路径为"/root"；
- 切换到"/"(根目录)后，执行第二个 pwd，打印出当前目录的绝对路径为"/"。

4. touch

touch 命令的主要功能是将已存在文件的时间标签更新为系统的当前时间。若指定的文件不存在，该命令将会创建一个新文件，所以该命令有个附加功能，即创建新的空文件。touch 命令的格式如下：

```
touch 参数
```

5. mkdir

mkdir 命令的原意为 make directory，即创建目录。mkdir 命令的格式如下：

```
mkdir [选项] 参数
```

mkdir 命令的参数一般为目录或路径名。当参数为目录时，为保证新目录可成功创建，使用该命令前应确保新建目录不与其同路径下的目录重名；当参数为路径时，需要保证路径中目录都已存在或通过选项创建路径中缺失的目录。mkdir 命令的常用选项如表 3.2 所示。

表 3.2　mkdir 命令常用选项表

选项	说　　明
-p	若路径中的目录不存在，则先创建目录
-v	查看文件创建过程

注意：

(1) 若路径中的目录不存在，又未使用选项 -p，将会报错，提示没有发现相应文件或目录。

(2) 使用选项 -p 可以创建多级目录，例如：

```
mkdir -p ./hubei/wuhan/hue/
```

该命令的执行结果如图 3.1 所示。表示从当前目录开始创建子目录 hubei，在 hubei 目录下创建子目录 wuhan，在 wuhan 目录下创建子目录 hue。使用 tree 命令查看其关系属于三级目录样式。

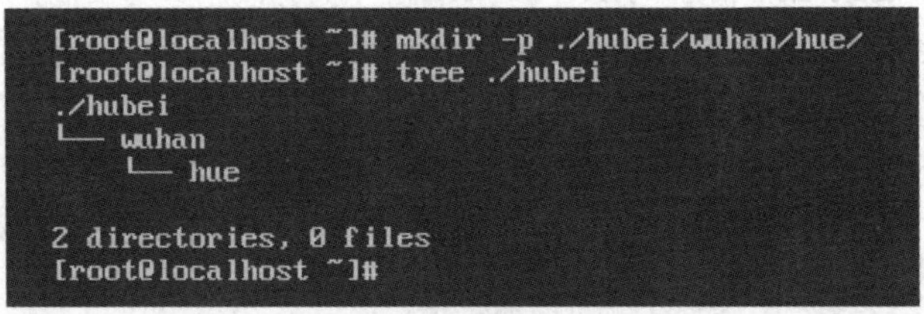

图 3.1　创建多级目录

6. rm

rm 命令的原意为 remove，功能为删除目录中的文件或目录。该命令可同时删除多个对象，其命令格式如下：

```
rm [选项] 参数
```

若要使用 rm 命令删除目录，需要在参数前添加-r 选项。rm 命令的常用选项如表 3.3
所示。

表 3.3　rm 命令常用选项表

选项	说　明
-r	递归删除目录及其内容
-f	强制删除文件或目录。忽略不存在的文件，不给出提示信息
-rf	删除目录中所有的文件和子目录，并且不一一确认
-i	在删除文件或目录时逐一进行确认(y/n)

注意：使用 rm 删除的文件无法恢复，在删除文件之前，一定要再三确认。

7．cp

cp 命令的原意为 copy，即复制。其命令格式如下：

```
cp [选项] 参数列表 1 参数 2
```

其中，参数列表 1 是由空格隔开的一个或多个源文件或目录，参数 2 为单个目标文件
或目录。

该命令的功能可根据参数列表 1 分为以下几种情况：

(1) 若参数列表 1 仅代表单个源数据文件，则参数 2 代表的文件名可以不存在，此时
可以完成单个文件的复制并更名；

(2) 若参数列表 1 仅代表单个源目录，则参数 2 代表的目录名称可以不存在，此时命
令中必须添加 -r 或 -R 选项，才可以完成单个源目录的复制并更名；

(3) 若参数列表 1 中同时含多个源数据文件，则参数 2 代表的目录名必须存在，此时
才可以完成将参数列表 1 代表的多个文件复制到参数 2 代表的目录下。

(4) 若参数列表 1 中同时含源数据文件和目录，则参数 2 代表的目录名必须存在，此
时命令中必须添加 -r 或 -R 选项，才可以完成将参数列表 1 代表的多个文件和目录复制到
参数 2 代表的目录下。

单文件或单目录的 cp 命令的运用如图 3.2 所示，首先切换到工作目录 “~/hubei/wuhan/
hue” 下，查看当前目录下数据为空；然后使用 touch 和 mkdir 命令分别新建了 file1、file2
两个源数据文件和 dir1、dir2 两个源目录，为 cp 命令准备好参数列表 1。接下来，按照情
形(1)使用 “cp file1 new_file1”，完成了 file1 文件的复制并更名为 new_file1 的功能。对于
单目录 dir1 的复制更名，若 cp 命令中没有添加任何选项，则出现错误提示 “cp: omitting
directory ‘dir1’”。按照情形(2)，使用 “cp –r dir1 new_dir1”，实现了 dir1 的复制更名功能。

多文件或目录的 cp 命令的运用如图 3.3 所示，按照情形(3)使用 “cp file1 file2
new_file1 dir1/”，完成了将 file1、file2 和 new_file1(参数列表 1)三个源文件复制到所
指定的目标目录 dir1(参数 2)的功能。按照情形(4)使用 “cp -R file1 file2 dir1 dir2/”，
实现了将两个源文件 file1、file2 和 1 个目录文件 dir1 一起复制到已经存在的目标目录
dir2 的功能。

```
[root@localhost /]# cd ~
[root@localhost ~]# cd hubei/wuhan/hue
[root@localhost hue]# ls
[root@localhost hue]# touch file1 file2
[root@localhost hue]# mkdir dir1 dir2
[root@localhost hue]# ls
dir1  dir2  file1  file2
[root@localhost hue]# cp file1 new_file1
[root@localhost hue]# cp dir1 new_dir1
cp: omitting directory 'dir1'
[root@localhost hue]# cp -r dir1 new_dir1
[root@localhost hue]# ls
dir1  dir2  file1  file2  new_dir1  new_file1
[root@localhost hue]#
```

```
[root@localhost hue]# ls
dir1 dir2 file1 file2 new_dir1 new_file1
[root@localhost hue]# cp file1 file2 new_file1 dir1/
[root@localhost hue]# tree dir1/
dir1/
├── file1
├── file2
└── new_file1

0 directories, 3 files
[root@localhost hue]# cp -R file1 file2 dir1 dir2/
[root@localhost hue]# tree dir2/
dir2/
├── dir1
│   ├── file1
│   ├── file2
│   └── new_file1
├── file1
└── file2

1 directory, 5 files
[root@localhost hue]#
```

图 3.2　单文件或单目录的 cp 命令　　　　　　图 3.3　多文件或目录的 cp 命令

8. mv

mv 命令的原意为 move，该命令可用于移动文件或目录到指定路径下；还可对文件或目录重命名。其命令格式如下：

mv [选项] 参数列表 1　参数 2

其中，参数列表 1 是由空格隔开的一个或多个源文件或目录，参数 2 为单个目标文件或目录。

(1) 若参数列表 1 同时指定多个文件或目录，且最后的参数 2 指定的目标位置是一个已经存在的目录，则该命令会将前面参数列表 1 指定的多个文件或目录移动到最后的参数 2 指定的目录中。

(2) 若该命令操作的对象是相同路径下的两个文件，则其功能为更改文件名，即重命名。在图 3.3 所示的当前目录下新建目录 dir3，然后使用"mv file1 file2 dir3"，可将 file1 和 file2 两个文件移动到目录文件 dir3 中，如图 3.4 所示，还可在当前目录下使用"mv new_dir1 dir4"和"mv new_file1 file3"分别给目录和文件重命名。

```
[root@localhost hue]# mkdir dir3
[root@localhost hue]# mv file1 file2 dir3
[root@localhost hue]# ls
dir1  dir2  dir3  new_dir1  new_file1
[root@localhost hue]# mv new_dir1 dir4
[root@localhost hue]# ls
dir1  dir2  dir3  dir4  new_file1
[root@localhost hue]# mv new_file1 file3
[root@localhost hue]# ls
dir1  dir2  dir3  dir4  file3
[root@localhost hue]# tree ./dir3/
./dir3/
├── file1
└── file2

0 directories, 2 files
[root@localhost hue]# _
```

图 3.4　move 命令的使用

3.3.2　文本内容显示命令

文本内容显示命令主要用于查看文件中存储的内容，常用的有 cat、more、head、tail 等。

1. cat

cat 命令的原意为 concatenate and display files，即连接和显示文件。cat 的功能为将文件中的内容打印到输出设备，该命令的格式如下：

```
cat [选项] [文件名]
```

如果没有指定文件名，或者文件为"-"，那么就从标准输入设备读取。cat 命令的常用选项如表 3.4 所示。

表 3.4　cat 命令常用选项表

选项	说　　　明
-n	对输出的所有行从 1 开始编号
-b	对非空输出行编号
-s	当遇到有连续两行以上的空白行时，就将其替换为一行的空白行

cat 命令常与重定向符">"结合起来使用，可以实现带内容的新文件的创建功能，还可以将原有文本内容编上行号后输出到新文件中。例如：

```
[root@192 ~]# touch textfile1
[root@192 ~]# vim textfile1
[root@192 ~]# cat textfile1
Hello
Linux
Welcome to here.
Let's begin.
[root@192 ~]# cat -n textfile1>textfile2
[root@192 ~]# cat textfile2
     1    Hello
     2    Linux
     3    Welcome to here.
     4    Let's begin.
```

从上述代码中可以看出，使用命令"cat -n textfile1>textfile2"实现了将文件 textfile1 中的 4 行文本内容分别加上 1、2、3、4 的行号后输出到了新文件 textfile2 中。

再例如：

```
[root@192 ~]# cat >mm.txt<<EOF
> Hello
> Linux
> EOF
```

```
[root@192 ~]# cat mm.txt
Hello
Linux
[root@192 ~]#
```

代码中使用"cat >mm.txt<<EOF"命令创建新文件 mm.txt，并从标准输入设备键盘上读取文件内容，当遇到 EOF 标记符后结束键盘输入。

2. more

more 命令用于分页显示文件内容，方便用户逐页阅读，其最基本的操作就是按【Space】键显示下一页，按【B】键显示上一页，按【Enter】键显示下一行，按【Q】键退出。其命令格式如下：

```
more [选项] [文件名]
```

more 命令的常用选项如表 3.5 所示。

表 3.5　more 命令常用选项表

选项	说　　明
+n	从第 n 行开始显示文本内容，n 代表正整数
-n	页面大小，即一页显示的行数，n 代表正整数
-s	当遇到有连续两行以上的空白行时，就将其替换为一行的空白行

例如：

```
[root@192 ~]# more -5 /etc/passwd
root:x:0:0:root:/root:/bin/bash
bin:x:1:1:bin:/bin:/sbin/nologin
daemon:x:2:2:daemon:/sbin:/sbin/nologin
adm:x:3:4:adm:/var/adm:/sbin/nologin
lp:x:4:7:lp:/var/spool/lpd:/sbin/nologin
--More--(9%)
#第 1 页内容，按空格键【Space】显示下一页，按【B】键返回显示上一页。
#按【Ctrl + C】提前退出
```

上述代码使用 more 命令查看根目录下的 etc 子目录下的 passwd 文件的内容，按照一页显示 5 行的规模展示。

具有分页显示功能的命令还有 less 命令，由于 less 命令的作用与 more 十分相似，不同的是 less 命令允许使用者使用方向键卷动，读者可以自行测试。

3. head

使用 head 命令可以显示指定文件的前若干行内容。如果没有给出具体行数值，则默认缺省设置为 10 行。head 命令的格式如下：

```
head [选项] [文件名]
```

head 命令的常用选项如表 3.6 所示。

表 3.6   head 命令常用选项表

选　项	说　　明
-n [K]	显示文件的前 K 行内容
-c [K]	显示文件的前 K 字节内容
-v	总是显示包含给定文件名的文件头

例如，查看 /etc/passwd 文件的前 3 行数据内容，命令及结果如下：

```
[root@192 ~]# head –n 3 /etc/passwd
root:x:0:0:root:/root:/bin/bash
bin:x:1:1:bin:/bin:/sbin/nologin
daemon:x:2:2:daemon:/sbin:/sbin/nologin
[root@192 ~]#
```

再如，查看 /etc/passwd 文件的前 100 个字节数据内容，命令及结果如下：

```
[root@192 ~]# head -c 100 /etc/passwd
root:x:0:0:root:/root:/bin/bash
bin:x:1:1:bin:/bin:/sbin/nologin
daemon:x:2:2:daemon:/sbin:/sbin/nol
```

4．tail

tail 命令与 head 命令相反，用户查看文件的后 n 行内容。如果没有给出具体行数值，则默认显示指定文件的最后 10 行。tail 命令的格式如下：

```
tail [选项] [文件名]
```

例如，查看/etc/passwd 文件末尾 3 行数据内容，命令及结果如下：

```
[root@192 ~]# tail -n 3 /etc/passwd
abc:x:1013:1013::/home/abc:/bin/ksh
zhaoliu:x:530:531::/home/opop:/bin/bash
it:x:1014:1015::/home/it:/bin/bash
```

再如，查看/etc/passwd 文件末尾 100 字节的数据内容，命令及结果如下：

```
[root@192 ~]# tail -c 100 /etc/passwd
1013::/home/abc:/bin/ksh
zhaoliu:x:530:531::/home/opop:/bin/bash
it:x:1014:1015::/home/it:/bin/bash
```

3.3.3   权限管理命令

根据用户的权限，Linux 系统中的用户大体分为两类：超级用户 root 和普通用户。其中超级用户拥有操作 Linux 系统的所有权限，但为保证系统安全，一般不使用超级用户登录，而是创建普通用户，使用普通用户进行一系列操作。为避免普通用户权限过大或权限不足，通常需要由 root 用户创建拥有不同权限的多个用户或变更某个用户的权限，此时便需要用到一系列的权限管理命令。

1. 基本权限简介

在学习权限管理命令之前，需要先熟悉 Linux 系统中用户与文件的关系、用户间的关系以及文件权限的含义。根据用户与文件的关系，Linux 系统中将用户分为文件或目录的拥有者、同组用户、其他组用户和全部用户；又根据用户对文件的权限，将用户权限分为读权限(read)、写权限(write)和执行权限(execute)。表 3.7 列出了文件与目录拥有对应权限时的含义。

表 3.7　权限说明表

权　　限	对应字符	文　　件	目　　录
读权限	r	可查看文件内容	可以列出目录中的内容
写权限	w	可修改文件内容	可以在目录中创建、删除文件
执行权限	x	可以执行文件	可以进入目录

在 Linux 系统中，使用 ls -l 命令可以显示文件和目录的详细信息，其中包含文件和目录的权限，还可以结合 ls 命令的 "-h" 选项，以易于阅读的格式显示出文件大小(单位为KB)，如图 3.5 所示。

```
[root@localhost hue]# ls -lh
total 16K
drwxr-xr-x. 2 root root 4.0K Feb  6 13:24 dir1
drwxr-xr-x. 3 root root 4.0K Feb  6 13:26 dir2
drwxr-xr-x. 2 root root 4.0K Feb  6 15:38 dir3
drwxr-xr-x. 2 root root 4.0K Feb  6 13:03 dir4
-rw-r--r--. 1 root root    0 Feb  6 13:02 file3
[root@localhost hue]#
```

图 3.5　ls -l 命令查看文件或目录详细信息

在图 3.5 显示的 ls 查看结果中，每行前面的第 1 个字符表示文件类型，其中 "d" 表示目录文件(简称目录)，"-" 表示普通文件(简称文件)。第 2~10 个共 9 个字符是用来表示文件或目录权限的。这 9 个字符按照从左至右的顺序每 3 个划分为一组，共分为三组。第一组(左边 3 个字符)表示该文件或目录的用户所有者权限，第二组(中间 3 个字符)表示该文件或目录的组群所有者的权限，第三组(右边 3 个字符)表示其他用户的权限。其中 "r" "w" 和 "x" 的含义见表 3.7，"-" 表示该用户不具有该项权限。表 3.8 举例说明了常用权限字符组合的描述。

表 3.8　权限字符组合举例

举例	描　　述
-rw-rw-r--	用户所有者和组群所有者对文件具有读、写权限，而其他用户仅具有读权限
-rwxrwxr-x	用户所有者和组群所有者对文件具有读、写、执行权限，而其他用户具有读、执行权限
-rw-r--r--	用户所有者对文件具有读、写权限，而组群所有者和其他用户仅具有读权限
-rwxrw-rw-	用户所有者对文件具有读、写、执行权限，而组群所有者和其他用户具有读、写权限
drwxr-xr-x	目录的用户所有者具有读、写、进入目录权限，而组群所有者和其他用户具有读和进入目录权限
drwxrwxr-x	目录的用户所有者和组群所有者具有读、写、进入目录权限，而其他用户具有读和进入目录权限
drwx------	除了目录的用户所有者具有所有的权限之外，其他用户对该目录没有任何权限

每个用户都拥有自己的主目录，通常集中放置在/home 目录下，这些主目录的默认权限为 drwx------，如图 3.6 所示。

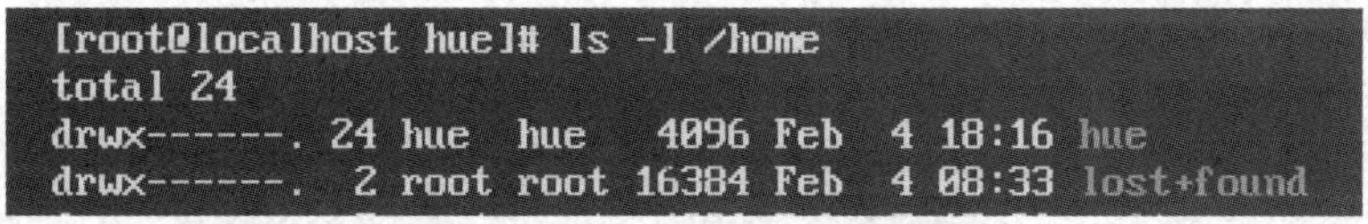

```
[root@localhost hue]# ls -l /home
total 24
drwx------. 24 hue  hue   4096 Feb  4 18:16 hue
drwx------.  2 root root 16384 Feb  4 08:33 lost+found
```

图 3.6　主目录的默认权限

2. 基本权限的设置方法

只有超级用户 root 和文件或目录的所有者才可以更改文件或目录的权限，更改文件或目录的权限一般有两种方法，分别为文字设定法和数字设定法，常用的命令有 chmod、chown 等。

1) chmod 命令

chmod 命令的原意为 change the permissions mode of file，其功能为变更文件或目录的权限。该命令的文字设定法格式如下：

```
chmod 操作对象 操作符号 权限 文件|目录
```

命令中各部分的含义如表 3.9 所示。

表 3.9　chmod 命令文字设定法选项含义

部分	选项	选 项 含 义
操作对象	u	表示用户所有者，即文件或目录的所有者
	g	表示组群所有者，即与文件的用户所有者有相同的组群 GID 的所有用户
	o	表示其他用户
	a	表示所有用户，它是系统默认值
操作符号	+	添加某个权限
	-	取消某个权限
	=	赋予给定权限
权限	r	读取权限
	w	写入权限
	x	可执行权限

使用 chmod 命令文字设定法对 ah 文件的权限设置如下：

(1) 添加用户所有者对 ah 文件的写入权限。命令如下：

```
[root@192 ~]# touch ah
[root@192 ~]# ls -l ah
-rw-r--r--. 1 root root 0 3 月   10 20:53 ah
[root@192 ~]# chmod u-w ah
[root@192 ~]# ls -l ah
-r--r--r--. 1 root root 0 3 月   10 20:53 ah
[root@192 ~]# chmod u+w ah
```

```
[root@192 ~]# ls -l ah
-rw-r--r--. 1 root root 0 3 月    10 20:53 ah
```

(2) 取消用户所有者对 ah 文件的读取权限。命令如下：

```
[root@192 ~]# chmod u-r ah
[root@192 ~]# ls -l ah
--w-r--r--. 1 root root 0 3 月    10 20:53 ah
```

(3) 重新分配组群所有者对 ah 文件有写入的权限。命令如下：

```
[root@192 ~]# chmod g=w ah
[root@192 ~]# ls -l ah
--w--w-r--. 1 root root 0 3 月    10 20:53 ah
```

(4) 更改 ah 文件权限，添加用户所有者为读取、写入权限，添加组所有者为读取权限，添加其他用户为读取、写入和执行的权限。命令如下：

```
[root@192 ~]# chmod u+rw,g+r,o+rwx ah
[root@192 ~]# ls -l ah
-rw-rw-rwx. 1 root root 0 3 月    10 20:53 ah
```

(5) 取消所有用户对 ah 文件的读取、写入和执行权限。命令如下：

```
[root@192 ~]# chmod a-rwx ah
[root@192 ~]# ls -l ah
----------. 1 root root 0 3 月    10 20:53 ah
```

在表 3.9 中，文件和目录的权限用 r、w、x 这三个字符来为用户所有者、组群所有者和其他用户设置权限，使用起来不太方便，因此还有另外一种十分简洁的方法，即以数字来表示三种用户的权限，表 3.10 给出了权限字符分别对应的数字分量，通过将对应位置上的数字分量相加，得出一个 0~7 范围的整数，然后依次使用 3 个整数就可以代表前面三种用户 u、g 和 o 的权限设置功能。

表 3.10　数字表示的权限含义

数　字	含　义	对应的权限字符
4	表示读取权限	r--
2	表示写入权限	-w-
1	表示可执行权限	--x
0	表示没有权限	---

使用数字设定法更改文件权限，chmod 的命令格式如下：

```
chmod n1n2n3 文件|目录
```

n1、n2 和 n3 分别表示用户所有者、组群所有者和其他用户的权限。

下面分别采用数字设定法重新设置前面的 ah 文件。

(1) 设置 ah 文件权限，用户所有者拥有读取、写入和执行权限。命令如下：

```
[root@192 ~]# ls -l ah
----------. 1 root root 0 3 月    10 20:53 ah
[root@192 ~]# chmod 700 ah
```

```
[root@192 ~]# ls -l ah
-rwx------. 1 root root 0 3 月    10 20:53 ah
```

(2) 设置 ah 文件权限，用户所有者拥有读取权限，组所有者有读取、写入和执行的权限。命令如下：

```
[root@192 ~]# chmod 470 ah
[root@192 ~]# ls -l ah
-r--rwx---. 1 root root 0 3 月    10 20:53 ah
```

(3) 设置 ah 文件权限，所有用户拥有读取、写入和执行的权限。命令如下：

```
[root@192 ~]# chmod 777 ah
[root@192 ~]# ls -l ah
-rwxrwxrwx. 1 root root 0 3 月    10 20:53 ah
```

(4) 设置 ah 文件权限，其他用户拥有读取、写入和执行的权限。命令如下：

```
[root@192 ~]# chmod 7 ah
[root@192 ~]# ls -l ah
-------rwx. 1 root root 0 3 月    10 20:53 ah
```

(5) 设置/home/user 目录连同他的文件和子目录的权限为 777。命令如下：

```
[root@192 ~]# mkdir /home/user
[root@192 ~]# touch /home/user/abc
[root@192 ~]# chmod -R 777 /home/user
[root@192 ~]# ls -l /home/user
总用量 0
-rwxrwxrwx. 1 root root 0 3 月    10 21:33 abc
[root@192 ~]# ls -ld /home/user
drwxrwxrwx. 2 root root 4096 3 月    10 21:33 /home/user
```

2) chown 命令

chown 命令的原意为 change the owner of file，其功能是更改文件或目录的所有者或所有组群。默认情况下文件的所有者为创建该文件的用户或在文件被创建时通过选项指定的用户，文件的所有组群与创建该文件的用户属于同一组或在文件被创建时通过选项指定所属组群。但在需要时，可使用 chown 对文件的所有者或所有组群进行修改，将该文件或目录的所有者身份转交给别的用户或组群。该命令的格式如下：

```
chown [选项] 用户.组群 文件|目录
chown [选项] 用户:组群 文件|目录
```

chown 命令的常用选项为 "-R"，表示递归地更改其下级子目录中的所有文件和目录的所有权。

使用 chown 命令对 ah 文件的用户所有者或组所有者设置如下：

(1) 将文件 ah 的用户所有者改成 newuser。命令如下：

```
[root@192 ~]# ls -l ah
-------rwx. 1 root root 0 3 月    10 20:53 ah
[root@192 ~]# useradd newuser
```

[root@192 ~]# passwd newuser

更改用户 newuser 的密码。

新的 密码：

无效的密码： 过于简单化/系统化

无效的密码： 过于简单

重新输入新的密码：

passwd： 所有的身份验证令牌已经成功更新。

[root@192 ~]# chown newuser ah

[root@192 ~]# ls -l ah

-------rwx. 1 newuser root 0 3 月　10 20:53 ah

(2) 将文件 ah 的组所有者更改为 newuser。命令如下：

[root@192 ~]# chown :newuser ah

[root@192 ~]# ls -l ah

-------rwx. 1 newuser newuser 0 3 月　10 20:53 ah

(3) 将文件 ah 的用户所有者和组所有者一起更改成 root。命令如下：

[root@192 ~]# chown root.root ah

[root@192 ~]# ls -l ah

-------rwx. 1 root root 0 3 月　10 20:53 ah

(4) 将文件 ah 的组所有者更改为 newuser。命令如下：

[root@192 ~]# chown .newuser ah

[root@192 ~]# ls -l ah

-------rwx. 1 root newuser 0 3 月　10 20:53 ah

(5) 将目录 /root/b 连同它的下级文件 /root/b/c 的用户所有者和组所有者一起更改为 newuser。命令如下：

[root@192 ~]# mkdir b

[root@192 ~]# touch ./b/c

[root@192 ~]# ls -ld ./b

drwxr-xr-x. 2 root root 4096 3 月　10 21:58 ./b

[root@192 ~]# ls -l ./b

总用量 0

-rw-r--r--. 1 root root 0 3 月　10 21:58 c

[root@192 ~]# chown -R newuser:newuser /root/b

[root@192 ~]# ls -ld ./b

drwxr-xr-x. 2 newuser newuser 4096 3 月　10 21:58 ./b

[root@192 ~]# ls -l ./b

总用量 0

-rw-r--r--. 1 newuser newuser 0 3 月　10 21:58 c

3.3.4　文件搜索命令

文件搜索命令不仅可以根据用户需求在文件系统内搜索出符合条件的所有文件或目

录，还可以在文件中搜索出符合条件的字符串信息。常用的文件搜索命令为 find 和 grep。

1. find

find 命令可列出文件系统内符合条件的所有文件或目录，该命令的格式如下：

```
find [搜索路径] [选项] [搜索对象]
```

其中，"搜索路径"表示查找范围，可省略，默认值为当前工作目录。"选项"和"搜索对象"共同构成查找条件，也可省略，默认值为全部文件或目录(包括隐藏文件)。find 命令可以根据文件名、文件大小、文件所有者等信息精确查找。其常用的选项如表 3.11 所示。

表 3.11　find 命令常用的选项表

选　项	说　明
-name	根据文件名查找
-size	根据文件大小查找
-user	根据文件所有者查找

通常情况下，Linux 用户需要进行"按名查找"，此时 find 命令中需要结合"-name"选项给出搜索对象的文件名匹配。文件名匹配使得用户不必一一写出名称就可以指定多个文件。这将用到一些特殊的字符，称之为通配符。

Linux 常用的文件名通配符如表 3.12 所示。

表 3.12　Linux 常用的文件名通配符表

通配符	含　义
*	可匹配一个或多个字符
?	在匹配时，一个问号只能代表一个字符

使用 find 命令对文件或目录的查找如下：

(1) 查找" /root/hubei/wuhan/hue"目录下所有的名称为"file1"的文件。命令如下：

```
[root@localhost ~]# find ./hubei/wuhan/hue/ -name file1
./hubei/wuhan/hue/dir1/file1
./hubei/wuhan/hue/dir2/dir1/file1
./hubei/wuhan/hue/dir2/file1
./hubei/wuhan/hue/dir3/file1
[root@localhost ~]#
```

(2) 查找" /root/hubei/wuhan/hue"目录下所有的名称由 5 个字符构成，且以"1"结尾的文件。命令如下：

```
[root@localhost ~]# find ./hubei/wuhan/hue/ -name ????1
./hubei/wuhan/hue/dir1/file1
./hubei/wuhan/hue/dir2/dir1/file1
./hubei/wuhan/hue/dir2/file1
./hubei/wuhan/hue/dir3/file1
[root@localhost ~]#
```

(3) 查找"/root/hubei/wuhan/hue"目录下所有的名称以"1"结尾的文件。命令如下：

```
[root@localhost ~]# find ./hubei/wuhan/hue/ -name *1
./hubei/wuhan/hue/dir1
./hubei/wuhan/hue/dir1/new_file1
./hubei/wuhan/hue/dir1/file1
./hubei/wuhan/hue/dir2/dir1
./hubei/wuhan/hue/dir2/dir1/new_file1
./hubei/wuhan/hue/dir2/dir1/file1
./hubei/wuhan/hue/dir2/file1
./hubei/wuhan/hue/dir3/file1
[root@localhost ~]#
```

(4) 查找"/root/hubei/wuhan/hue"目录下所有的名称以"dir"开头的文件。命令如下：

```
[root@localhost ~]# find ./hubei/wuhan/hue/ -name dir*
./hubei/wuhan/hue/dir1
./hubei/wuhan/hue/dir2
./hubei/wuhan/hue/dir2/dir1
./hubei/wuhan/hue/dir3
./hubei/wuhan/hue/dir4
[root@localhost ~]#
```

2. grep

grep 命令用于在文件中搜索与字符串匹配的行并输出，该命令的格式如下：

```
grep 字符串 源文件
```

其中，"字符串"的文本模式默认情况下是正则表达式，该模式描述了在搜索文本时匹配一个或多个字符串的规则。"源文件"给出了搜索范围，可通过文件名匹配构造出多文件的查找范围。grep 命令不仅能够"筛选"出搜索的内容，还可以从源文件中"过滤"掉搜索的内容，此时需要在 grep 命令中添加"-v"选项。下面给出一些具体的应用。

(1) 显示所有以 d 开头的文件中包含"test"的行数据内容。命令如下：

```
[root@192 ~]# cat <<EOF >d1
> 1
> test1
> EOF
[root@192 ~]# cat <<EOF > d2
> 2
> test2
> EOF
[root@192 ~]# grep "test" d*
d1:test1
d2:test2
```

(2) 在文件 kkk 中搜索匹配字符串"test file"。命令如下：

```
[root@192 ~]# cat <<EOF > kkk
> akkk
> test file
> oooo
> ppppp
> EOF
//'test file '中 file 后跟空格符，因此匹配不上
[root@192 ~]# grep 'test file ' kkk
[root@192 ~]# grep "test file"　kkk
test file
[root@192 ~]# grep 'test file'　kkk
test file
//' test file'中 test 前有空格符，因此也匹配不上
[root@192 ~]# grep ' test file'　kkk
[root@192 ~]# grep 'test file '　kkk
[root@192 ~]# grep 'test file'　kkk
test file
[root@192 ~]# grep 'test file'　kkk
test file
//' test fil'为 'test file' 的子串，因此也能匹配
[root@192 ~]# grep 'test fil'　kkk
test file
[root@192 ~]# grep 'test '　kkk
test file
//' test  '中 test 后跟 2 个空格，不是'test file' 的子串，因此不能匹配
[root@192 ~]# grep 'test  '　kkk
[root@192 ~]# grep 'test '　kkk
test file
```

(3) 在 /root/kkk 文件中输出以 le 结尾的行内容。命令如下：

```
[root@192 ~]# cat kkk
akkk
test file
oooo
ppppp
[root@192 ~]# grep le$ kkk
test file
```

(4) 在 /root/aa 文件中找出以 b 开头的行内容，找出不以 b 开头的行内容。命令如下：

```
//创建被查找文件 aa
```

```
[root@192 ~]# cat <<EOF >aa
> a
>
> aa
> b
> bb
> c
> cc
> EOF
//找出以 b 开头的行内容
[root@192 ~]# grep ^b aa
b
bb
//找出不以 b 开头的行内容
[root@192 ~]# grep -v ^b aa
a
aa
c
cc
```

(5) 结合管道方式查找/etc/passwd 中的 hue 用户信息。命令如下：

```
[root@localhost ~]# cat /etc/passwd | grep hue
hue:x:500:500:hue:/home/hue:/bin/bash
[root@localhost ~]#
```

3.4　帮 助 命 令

为了帮助用户使用 Linux 操作系统中的命令，系统配置了一些帮助文档。只要掌握几个简单的帮助命令，用户就可以进一步查看其余各种命令的帮助信息。常用的帮助命令有 man、whatis、whoami 等。

1. man

man 命令用于获取 Linux 系统的帮助文档 manpage 中的帮助信息，可以用来查看命令、函数或者文件的帮助手册。当用户有不懂的命令时可以用 man 查看这个命令，当写程序有不会用的函数时可以用 man 查看这个函数。一般情况下 man 手册页的资源位于 /usr/share/man/目录下，使用以下命令显示：

```
[root@localhost ~]# ls -d /usr/share/man/man?
/usr/share/man/man1    /usr/share/man/man5    /usr/share/man/man9
/usr/share/man/man2    /usr/share/man/man6    /usr/share/man/mann
/usr/share/man/man3    /usr/share/man/man7
```

```
/usr/share/man/man4   /usr/share/man/man8
[root@localhost ~]#
```

可以使用一个数字来表示 man 手册页的不同类型，具体含义如表 3.13 所示。

表 3.13　man 手册页类型

类　型	描　述
1	用户命令
2	系统调用
3	C 语言函数库
4	设备和特殊文件
5	文件格式和约定
6	游戏程序
7	其他
8	系统管理工具
9	Linux 内核 API

上述 9 个数字也分别代表了 man 帮助文档的 9 个章节。

一般情况下，用户只要在 man 命令后输入想要获取的命令的名称，man 就会格式化并列出一份完整的说明，其内容包括命令语法、各选项的意义以及相关命令等。该命令的格式如下：

```
man 名称
```

例如：

```
[root@localhost ~]# man ls
```

man 将在整个范围内查找 ls 命令的完整说明。

man 命令也可使用以下格式：

```
man 章节号 名称
```

例如：

```
[root@localhost ~]# man 3 sleep
```

man 将在 3 号章节所对应的 C 语言库函数范围中查找函数 sleep。

2. whatis

whatis 命令用于查询命令的功能，并将查询结果输出到终端。该命令的格式如下：

```
whatis 名称
```

例如，查询命令 ls、cp、rm 的功能。命令如下：

```
[root@localhost ~]# whatis ls
ls                      (1)   - list directory contents
ls                      (1p)  - list directory contents
[root@localhost ~]# whatis cp
cp                      (1)   - copy files and directories
cp                      (1p)  - copy files
```

```
[root@localhost ~]# whatis rm
rm                              (1p)   - remove directory entries
rm                              (1)    - remove files or directories
[root@localhost ~]#
```

例如，查询函数 malloc、fopen、fwrite 的功能。命令如下：

```
[root@localhost ~]# whatis malloc
malloc                          (3)    - Allocate and free dynamic memory
malloc                          (3p)   - a memory allocator
[root@localhost ~]#
[root@localhost ~]# whatis fopen
fopen                           (3p)   - open a stream
fopen                           (3)    - stream open functions
[root@localhost ~]# whatis fwrite
fwrite                          (3p)   - binary output
fwrite [fread]                  (3)    - binary stream input/output
[root@localhost ~]#
```

显示结果中数字的含义见表 3.13。

3. whoami

whoami 命令用于输出当前有效的用户名，即查看当前正在操作的用户信息，其命令格式如下：

```
whoami
```

例如，查看当前用户信息。命令如下：

```
[root@localhost ~]# whoami
root
[root@localhost ~]#
```

结果显示当前用户为 root。

第 4 章　　Linux 常用工具

工具是人类智慧的象征，Linux 中也有一些方便使用和程序开发的常用工具。掌握这些工具的安装和使用，可以使后续的编程工作事半功倍。在安装、使用 Linux 系统之前，用户可能已习惯于 Windows 系统下 C/C++ 程序的编写、保存以及在 Windows 和移动 U 盘之间相互拷贝源程序文件等操作。若需要在 Linux 虚拟机中也能够方便地共享访问 Windows 物理机中的数据资料(如 C/C++ 程序代码)，则需要在 VMware 虚拟机下安装 VMware Tools 工具。另外，在使用 Linux 系统进行程序开发的任务中，常常会碰到因缺少软件而不能继续工作或者用户本身需要安装新软件(如 C/C++ 源代码编辑器)的情况，这时需要先配置 yum 源，然后使用 yum 工具实现一键式便捷安装功能。与此同时，Linux 系统本身提供了对 C 程序开发的支持，这涉及 Linux 中常用的几种工具，它们分别是 vi 编辑器和 GCC 编译器。因此本章将围绕这些用户需求进行详细介绍。

4.1　VMware Tools 工具

尽管客户机操作系统在未安装 VMware Tools 的情况下可以运行，但许多 VMware 功能只有在安装 VMware Tools 后才可用。VMware Tools 中包含一系列服务和模块，可在 VMware 产品中实现多种功能，从而使用户能够更好地管理客户机操作系统，以及与客户机系统进行无缝交互。

1. VMware 虚拟机下安装 VMware Tools

(1) 在 VMware 的菜单栏中执行【虚拟机(M)】→【设置(S)】命令，在弹出的"虚拟机设置"对话框左侧的【硬件】标签页中选择【CD/DVD(IDE)】，在右侧【设备状态】区域选择【已连接(C)】和【启动时连接(O)】，并在【连接】区域选择【使用 ISO 映像文件(M)】，单击【浏览(B)…】按钮，选择 CentOS6.10 镜像文件所在的路径 D: \ CentOS -6 . 10-x86_64-bin-DVD1.i so ，如图 4.1 所示。

(2) 在 VMware 的菜单栏中执行【虚拟机(M)】→【安装 VMware Tools(T)…】命令，弹出 VMware Tools 文件夹窗口，其中有一个压缩包 VMwareTools-10.1.6-5214329.tar.gz，如图 4.2 所示，其所在路径为/media/VMware Tools。

(3) 在桌面的【root 主文件夹(即/root/home)】中新建一个 temp 文件夹，将压缩包 VMwareTools-10.1.6-5214329.tar.gz 复制粘贴到 temp 文件夹中，如图 4.3 所示。

图 4.1　虚拟机设置

图 4.2　VMware Tools 文件夹

图 4.3　/root/home/temp 文件夹

　　(4) 在图 4.3 所示窗口中的空白区域单击鼠标右键选择【在终端中打开】，启动一个终端，如图 4.4 所示。在该终端中输入命令 ls，查看当前目录/root/home/temp 中的目录或文件信息，如图 4.5 所示。

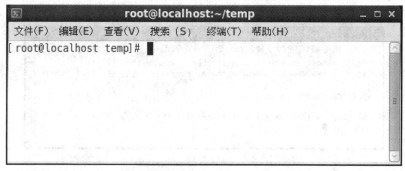

图 4.4　/root/home/temp 终端

图 4.5　查看/root/home/temp 中的信息

　　(5) 使用 tar 命名解压 VMwareTools-10.1.6-5214329.tar.gz 压缩包，如图 4.6 所示。

图 4.6　解压 VMwareTools-10.1.6-5214329.tar.gz 压缩包

解压后，使用 cd 命令切换目录到其子目录 vmware-tools-distrib 下，如图 4.7 所示。

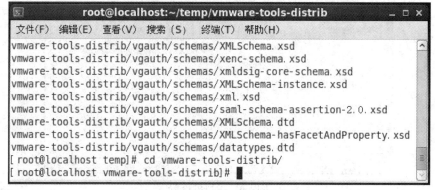

图 4.7　cd 命令切换目录到其子目录

(6) 在图 4.7 所示的命令提示符下输入 ./vmware-install.pl，进入图 4.8 所示的"安装 VMware Tools"界面，安装过程中根据提示符信息输入提示信息后，按回车键一步一步安装，直到安装完成，接着重启系统，就可以在虚拟机和 Window 间自由移动鼠标，而且虚拟机里的鼠标移动更流畅。

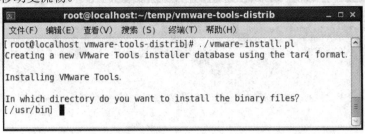

图 4.8　安装 VMware Tools

安装完 VMware Tools 以后，套件中的实用程序会提高虚拟机中客户机操作系统的性能并改善虚拟机的管理。

2. Linux 下共享 Windows 数据资料

安装好 VMware Tools 工具后，便可在 VMware 的菜单栏中执行【虚拟机(M)】→【设置(S)】命令，如图 4.9 所示，在弹出的"虚拟机设置"对话框中首先选择①号标记切换到【选项】标签页，然后选择②号标记的【共享文件夹】，接着依次按序号选择③号标记的【总是启用(E)】，单击④号标记的【添加(A)…】按钮，根据弹出的对话框向导，添加与 Windows 硬盘共享的一个文件夹，如⑤号标记的 E:\Linux 下共享 window…，最后单击【确定】按钮，完成 Linux 下共享 Windows 文件夹的功能。Windows 硬盘共享的文件夹对应于 Linux 系统中的 /mnt/hgfs/目录下，如图 4.10 所示。

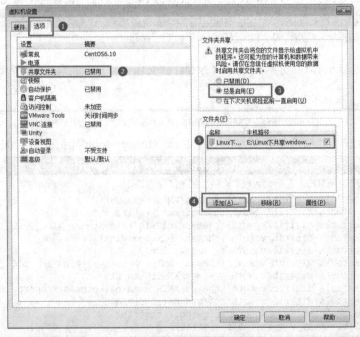

图 4.9　虚拟机设置

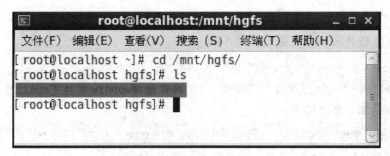

图 4.10　查看/mnt/hgfs 目录

4.2　yum 工具

下面介绍 CentOS6.10 配置本地 yum 源的方法。

1. 挂载 CentOS6.10 的 ISO 安装包镜像文件 CentOS-6.10-x86_64-bin-DVD1.iso

在 VMware 的菜单栏中执行【虚拟机(M)】→【设置(S)】命令，在弹出的"虚拟机设置"对话框的左侧【硬件】标签页选择【CD/DVD(IDE)】，右侧【设备状态】区域选择【已连接(C)】和【启动时连接(O)】，并在【连接】区域选择【使用 ISO 映像文件(M)】，单击【浏览(B)...】按钮，选择 CentOS6.10 镜像文件所在的路径 D:\CentOS-6.10-x86_64-bin-DVD1.iso，如图 4.11 所示。

图 4.11　虚拟机设置

2. 以超级管理员 root 用户身份完成下列命令操作

(1) 创建挂载目录、仓库目录。命令如下：

```
[root@localhost ~]# mkdir -p /mnt/cdrom
[root@localhost ~]# mkdir -p /home/soft
```

(2) 挂载镜像。命令如下：

```
[root@localhost ~]# mount -t iso9660 /dev/cdrom /mnt/cdrom
```

(3) 复制数据(大小为 3.72GB，需要近 5 分钟)。命令如下：

```
[root@localhost ~]# cp -rf /mnt/cdrom/* /home/soft/
[root@localhost ~]#
```

(4) 更改配置文件。命令如下：

```
[root@localhost ~]# cd /etc/yum.repos.d/
[root@localhost yum.repos.d]# cp CentOS-Base.repo CentOS-Base.repo.bak
[root@localhost yum.repos.d]# ls
CentOS-Base.repo        CentOS-Debuginfo.repo    CentOS-Media.repo
CentOS-Base.repo.bak    CentOS-fasttrack.repo    CentOS-Vault.repo
[root@localhost yum.repos.d]# vi CentOS-Base.repo
... #开始的注解部分省略
[base]
name=CentOS-$releasever - Base
baseurl=file:///home/soft     #把路径指向本地光盘
enabled=1                      #1 表示启用仓库中定义的源
gpgcheck=0                     #0 表示不进行 gpg 校验，因为本地仓库的来源是有效和安全的
gpgkey=file:///etc/pki/rpm-gpg/RPM-GPG-KEY-CentOS-6
#可删除其后其他的网络源
```

(5) 清除 yum 缓存。命令如下：

```
[root@localhost yum.repos.d]# yum clean all
已加载插件：fastestmirror, refresh-packagekit, security
Cleaning repos: base
清理一切
Cleaning up list of fastest mirrors
[root@localhost yum.repos.d]#
```

(6) 制作新的缓存。命令如下：

```
[root@localhost yum.repos.d]# yum makecache
已加载插件：fastestmirror, refresh-packagekit, security
Determining fastest mirrors
base                                        | 4.0 kB      00:00 ...
base/group_gz                               | 242 kB      00:00 ...
```

```
base/filelists_db                                          | 6.3 MB      00:00 ...
base/primary_db                                            | 4.7 MB      00:00 ...
base/other_db                                              | 2.8 MB       00:00 ...
元数据缓存已建立
[root@localhost yum.repos.d]#
```

(7) 测试是否成功。命令如下：

```
[root@localhost yum.repos.d]# ls /var/cache/yum/x86_64/6/base/
17918b216f52cc36673e6cda31d2b1715e4e9a5cd1fe216a44ebed90d4ec1251-primary.sqlite
47bb3f2a77d01bd38e462765ebd67f8890af8c4ea75ab1b9ba192926db7e552b-c6-x86_64-comps.xml.gz
575d60a7820801b87672411b4bbd749922842cd6afc31af9cc06112bd0042c39-filelists.sqlite
777ccc367701bd5f5a805d1a12c374f7ac6437474bf06773b9055a835c135ec8-other.sqlite
cachecookie
gen
packages
repomd.xml
[root@localhost yum.repos.d]#
```

(8) 使用本地 yum 源安装 C 和 C++ 编译环境。C 的 GCC 编译器包名为 gcc，而 C++
的 GCC 编译器包名为 gcc-c++。可以直接根据包名进行一键式安装。例如，gcc-c++的
安装如下：

```
[root@localhost test]# yum install gcc-c++
已加载插件：fastestmirror, refresh-packagekit, security
设置安装进程
Loading mirror speeds from cached hostfile
解决依赖关系
--> 执行事务检查
---> Package gcc-c++.x86_64 0:4.4.7-23.el6 will be 安装
--> 处理依赖关系 libstdc++-devel = 4.4.7-23.el6，它被软件包 gcc-c++-4.4.7-23.el6.x86_64 需要
--> 执行事务检查
---> Package libstdc++-devel.x86_64 0:4.4.7-23.el6 will be 安装
--> 完成依赖关系计算

依赖关系解决

================================================================================
 软件包              架构           版本            仓库         大小
================================================================================
正在安装:
 gcc-c++            x86_64         4.4.7-23.el6     base        4.7 M
```

```
为依赖而安装:
  libstdc++-devel          x86_64          4.4.7-23.el6              base          1.6 M

事务概要
================================================================================
Install         2 Package(s)

总下载量: 6.3 MB
Installed size: 20 MB
确定吗? [y/N]: y
下载软件包:
--------------------------------------------------------------------------------
总计                                              18 MB/s | 6.3 MB        00:00
运行 rpm_check_debug
执行事务测试
事务测试成功
执行事务
  正在安装    : libstdc++-devel-4.4.7-23.el6.x86_64                      1/2
  正在安装    : gcc-c++-4.4.7-23.el6.x86_64                             2/2
  Verifying   : libstdc++-devel-4.4.7-23.el6.x86_64                      1/2
  Verifying   : gcc-c++-4.4.7-23.el6.x86_64                             2/2

已安装:
  gcc-c++.x86_64 0:4.4.7-23.el6

作为依赖被安装:
  libstdc++-devel.x86_64 0:4.4.7-23.el6

完毕!
[root@localhost test]#
```

4.3　vi 编辑器

vi 是 visual interface 的简称。vi 编辑器是 Linux 系统下最基本的编辑器,工作在字符模式下。由于不使用图形界面,因此 vi 的工作效率非常高,且它在系统和服务管理中的功能是带图形界面的编辑器无法比拟的。vi 编辑器可用于编辑任何 ASCII 文本,对于编辑源程序尤其有用。vi 编辑器功能非常强大,通过使用 vi 编辑器,可以对文本进行创建、查找、替换、删除、复制和粘贴等操作。

　　在 Linux 系统的提示符下输入 vi 和文件名称后，就进入 vi 编辑界面。如果系统内还不存在该文件，就意味着创建文件，如果系统内存在该文件，就意味着编辑该文件。

　　在前面 2.5 网络配置的章节中，对于动态 IP 地址和静态 IP 地址的配置过程中都用到了 vi 编辑器。例如，首先备份 eth0 网卡的配置文件 ifcfg-eth0 为 ifcfg-eth0.bak，然后使用 vi 编辑器对配置文件 ifcfg-eth0 进行修改，以完成动态 IP 地址或静态 IP 地址的配置需求。其命令使用如下：

```
[root@localhost network-scripts]# cp ifcfg-eth0 ifcfg-eth0.bak
[root@localhost network-scripts]# vi ifcfg-eth0
```

执行这两条命令之后，就在 vi 编辑器中打开了 ifcfg-eth0 文件。

　　vi 编辑器有 3 种基本工作模式、分别是命令模式、插入模式和末行模式。下面分别介绍 vi 编辑器的 3 种模式和每种模式对应的常用操作与命令。

1. 命令模式

　　进入 vi 编辑器后，系统默认处于命令模式。命令模式控制屏幕光标的移动，字符、字或行的删除，某区域的复制和粘贴等。

　　1）光标移动

　　在命令模式中，光标的移动可分为 6 个常用的级别，分别为字符级、行级、单词级、段落级、屏幕级和文档级。各个级别中的相关按键及其含义如表 4.1 所示。

表 4.1　光标移动操作

级别	操作符	说　　明
字符级	"左键"或字母 h	使光标向字符的左边移动
	"右键"或字母 l	使光标向字符的右边移动
行级	"上键"或字母 k	使光标移动到上一行
	"下键"或字母 j	使光标移动到下一行
	符号$	使光标移动到当前行尾
	数字 0	使光标移动到当前行首
单词级	字母 w	使光标移动到下一个单词的首字母
	字母 e	使光标移动到本单词的尾字母
	字母 b	使光标移动到本单词的首字母
段落级	符号}	使光标移动到段落结尾
	符号{	使光标移动到段落开头
屏幕级	字母 H	使光标移动到屏幕首部
	字母 L	使光标移动到屏幕尾部
文档级	字母 G	使光标移动到文档尾行
	n + G	使光标移动到文档的第 n 行

2) 删除

若需要对文档中的内容进行删除操作,可以通过字母 x、dd 等来实现,相关按键及对应含义如表 4.2 所示。

表 4.2　删 除 操 作

操作符	说　明
字母 x	删除光标所在位置的单个字符
字母 dd	删除光标所在的当前行
n + dd	删除包括光标所在行的后边 n 行内容
d + $	删除光标所在位置到行尾的所有内容

3) 复制和粘贴

对文档进行复制和粘贴操作的相关按键及对应含义如表 4.3 所示。

表 4.3　复制和粘贴操作

操作符	说　明
yy	复制光标当前所在行
nyy	复制包括光标所在行的后边 n 行内容
ye	从光标所在位置开始复制直到当前单词结尾
y$	从光标所在位置开始复制直到当前行结尾
y{	从当前段落开始的位置复制到光标所在位置
p	将复制的内容粘贴到光标所在位置

在命令模式下,还有如下几种常见操作:

· 字母 u:撤销命令。

· 符号.:重复执行上一次命令。

熟练掌握以上按键,可以提高使用 vi 编辑器编辑文档的效率。

2. 插入模式

只有在插入模式下,才能对文件内容进行修改编辑。此模式下的操作与 Windows 系统中记事本的操作类似。插入模式与末行模式之间不能直接转换。在插入模式下按【Esc】键可以回到命令模式。

3. 末行模式

在命令模式下按冒号键【:】可进入末行模式。在该模式下,可将文件进行保存或退出 vi 编辑器;也可以设置编辑环境、替换字符或删除行。在末行模式下按【Esc】键可以回到命令模式。下面对末行模式中常用的一些操作进行介绍。

1) 保存与退出

保存与退出操作符功能如表 4.4 所示。操作完毕后,如要保存文件或退出编辑器。可先使用【Esc】键进入末行模式,再使用表 4.4 中的操作符完成所需操作。

表 4.4　保 存 与 退 出

操作符	说　明
:w	保存编辑后的内容
:w!	对于没有修改权限的用户强行保存对文件的修改，并且修改后文件的所有者和所属组都有相应的变化
:q	退出 vi 编辑器
:q!	强行退出 vi 编辑器，不保存对文件的修改
:wq	保存并退出 vi 编辑器
:wq!	强行保存文件并退出 vi 编辑器
:w filename	将文件另存为 filename
:wq filename	将文件另存为 filename 后，退出 vi 编辑器
:wq! filename	将文件另存为 filename 后，强制退出 vi 编辑器

2) 查找与替换

末行模式下还可以进行内容查找、替换，其操作符功能如表 4.5 所示。

表 4.5　内 容 替 换

操作符	说　明
:/str/	从当前光标开始往右查找 str，若查找结果不为空，可以使用 n 查看下一个，使用 N 查看上一个
:s/str1/str2/	将光标所在行的第一个字符 str1 替换为 str2
:s/str1/str2/g	将光标所在行的全部字符 str1 替换为 str2
:n1,n2s/str1/str2/g	用 str2 替换从第 n1 行到第 n2 行中出现的 str1
:%s/str1/str2/g	用 str2 替换文件中所有出现的 str1
:.,$%s/str1/str2/g	将从当前位置到行结尾的所有的 str1 替换为 str2

3) 移动与删除

末行模式下还可以进行移动与删除，其操作符功能如表 4.6 所示。

表 4.6　移 动 与 删 除

操作符	说　明
:n	使光标移动到第 n 行
:d	删除当前行
:nd	删除第 n 行
:n1,n2 d	删除从第 n1 行开始到第 n2 行的所有内容
:/str1/,/str2/d	删除从第 str1 开始到 str2 截止的所在行的所有内容
:.,$d	删除从当前位置到文件末尾的所有内容

4) 复制与移动

末行模式下还可以进行复制与移动，其操作符功能如表 4.7 所示。

表 4.7　复 制 与 移 动

操作符	说　明
:n1,n2 co n3	将从第 n1 行开始到第 n2 行的所有内容复制到 n3 行后面
:n1,n2 m n3	将从第 n1 行开始到第 n2 行的所有内容移动到 n3 行后面

5) vi 编辑器设置

在末行模式下，还有对 vi 编辑器环境进行设置，vi 编辑器中较为常用的设置如表 4.8 所示。

表 4.8　vi 编辑器的常用设置

设　置	说　明
:set nu	设置行号
:set nonu	取消行号
:set antoindent	设置自动对齐
:set smartindent	设置智能对齐
:set cindent	使用 C 语言格式对齐
:set showmatch	设置括号匹配
:set tabstop=4	按下【Tab】键时，跳跃 4 个空格

注意：在末行模式下对 vi 编辑器进行的设置只对本次操作有效，若重新使用 vi 编辑器打开文件，会发现在上一次操作中所做的设置全部被清空。

4. 模式切换

vi 编辑器的 3 种模式之间可以进行转换，转换方式如图 4.12 所示。

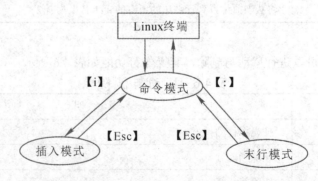

图 4.12　vi 编辑器模式转换图

1) 命令模式与插入模式间的切换

在命令模式下，不能输入任何数据，可通过按键操作符进入插入模式，其操作符功能如表 4.9 所示。一般情况下，用户可以使用【i】键直接由命令模式进入到插入模

式，此时内容和光标的位置与命令模式相同。用户也可根据需要，参照表 4.9 中的操作
符进入插入模式。

当处于插入模式时，若需要切换到命令模式下工作，则用户可以使用【Esc】键返回
到命令模式。

2) 命令模式与末行模式间的切换

在命令模式下使用【:】键可进入末行模式。若需要从末行模式返回命令模式，可以使
用【Esc】键。若末行不为空，可以连续按两次【Esc】键，清空末行，然后返回命令模式。

表 4.9 进入插入模式操作符

操作符	说　　明
i	从光标当前所在位置之前开始插入
I	从光标当前所在行的行首开始插入
a	从光标当前所在位置之后开始插入
A	从光标当前所在行的末尾开始插入
o	从光标所在行的下边新增一行开始插入
O	从光标所在行的上边新增一行开始插入

5. 综合应用实例

在当前用户目录下建立 vitest 子目录，将 /etc/inittab 文件拷贝到 vitest 子目录中。用 vi
编辑器打开该文件，执行下述操作，并详细说明操作过程及方法：

A. 删除第 5, 15 和 25 行指令；

B. 将文本中所有的"etc"字符串替换成"config"；

C. 复制第 11~20 行的内容，并且贴到文件最后一行后；

D. 将每行开头的第一个字符'#'删除；

E. 删除包含有字符串"conf"的那几行；

F. 在第一行新增一行，输入你的姓名和学号；

G. 将文件另存为 new-inittab.conf。

参考操作命令如下：

```
[root@localhost ~]# mkdir vitest

[root@localhost ~]# cp /etc/inittab ./vitest/

[root@localhost ~]# cd vitest/

[root@localhost vitest]# ls

inittab

[root@localhost vitest]# vi inittab

//在 vi 编辑器中输入冒号：进入末行模式

//(1) 设置行号，如下所示

  1 # inittab is only used by upstart for the default runlevel.

  2 #

  3 #ADDING OTHER CONFIGURATION HERE WILL HAVE NO EFFECT ON YOUR SYSTEM.
```

```
 4 #
 5 # System initialization is started by /etc/init/rcS.conf
 6 #
 7 # Individual runlevels are started by /etc/init/rc.conf
 8 #
 9 # Ctrl-Alt-Delete is handled by /etc/init/control-alt-delete.conf
10 #
@
:set nu
```

//(2) A．删除第 5,15 和 25 行指令
//输入冒号：进入末行模式
```
:25d
```
//输入冒号：进入末行模式
```
:15d
```
//输入冒号：进入末行模式
```
:5d
```

//(3) B．将文本中所有的"etc"字符串替换成"config"
```
:% s/etc/config/g
```

//(4) C．复制第 11～20 行的内容，并且贴到文件最后一行后
```
:11,20 co $
```

// (5) D．将每行开头的第一个字符'#'删除
```
:% s/^#/ /
```

//(6) E．删除包含有字符串"conf"的那几行
```
:% s/conf/d
```

//(7) F．在第一行新增一行，输入你的姓名和学号
```
:0
O
```

//(8) G．将文件另存为 new-inittab.conf
```
:w new-inittab.conf
```

```
[root@localhost vitest]# ls
inittab   new-inittab.conf
```

4.4　GCC 编译器

　　GCC 能把高级语言编写的源代码构建成可执行的二进制代码，它支持各种不同的目标体系结构，常见的有 X86 系列、ARM、PowerPC 等。同时 GCC 还能运行在不同的操作系统上，如 Linux、Solaris、Windows 等。GCC 除了支持 C 语言外，还支持多种其他语言，能够编译用 C、C++ 和 Object C 等语言编写的程序，也可以通过不同的前端模块来支持各种语言，如 Java、Fortran、Pascal、Modula-3 和 Ada 等，对其进行编译并链接成可执行程序。

　　在使用 GCC 编译程序时，编译过程被细分为预处理(Pre-Processing)、编译(Compiling)、汇编(Assembling)和链接(Linking) 4 个阶段。预处理阶段主要是在库中寻找头文件，并将其包含到待编译的文件中，编译阶段主要是检查文件的语法，汇编阶段主要是将源代码翻译成机器语言，而在链接阶段则是将所有的代码链接成一个可执行程序。

　　程序员可以根据自己的需要让 GCC 在编译的任何阶段结束，以便灵活地控制整个编译过程，最常用的有编译模式和编译链接模式两种。一个程序的源代码通常包含在多个源文件之中，这就需要同时编译多个源文件，并将它们链接成一个可执行程序，这时就要采用编译链接模式。在生成可执行程序时，一个程序的源文件无论是一个还是多个，所有被编译和链接的源文件中必须有且仅有一个 main 函数，因为 main 函数是该程序的入口点。但在把源文件编译成目标文件时不需要进行链接，这时 main 函数不是必需的。

　　当调用 GCC 时，GCC 根据文件扩展名(后缀)自动识别文件的类型，并调用对应的编译器。GCC 遵循的部分后缀约定规则如表 4.10 所示。

表 4.10　GCC 遵循的部分约定规则

后　　缀	约　定　规　则
.c	C 语言源代码文件
.C　.cc　.cxx	C++源代码文件
.h	程序包含的头文件
.i	已经预处理过的 C 源代码文件
.ii	已经预处理过的 C++源代码文件
.m	Objective-C 源代码文件
.o	编译后的目标文件
.s	汇编语言源代码文件
.S	已经预处理过的汇编语言源代码文件

　　GCC 最基本的用法如下：

```
gcc [选项] [文件名]
```

其中"选项"为编译器所需要的调用参数。GCC 最基本、最常用的选项如表 4.11 所示。

表 4.11　GCC 常用选项

选　项	说　明
-E	预处理
-c	只编译，不链接，即将源代码文件生成 .o 后缀的目标文件，通常用于编译不包含 main 的子程序文件
-o output_filename	指定输出文件的名称为 output_filename，该名称不能和源文件同名，如果没有该选项，默认生成可执行文件 a.out
-lname	在链接过程中，加载名为"libname.a"的函数库
-Wall	编译文件时发出所有警告信息
-Werror	将所有的警告当成错误进行处理，GCC 会在所有产生警告的地方停止编译，迫使程序员对自己的代码进行修改

GCC 给出的警告信息不仅可以帮助程序员写出更加健壮的程序，还是跟踪和调试程序的有力工具。因此，建议在使用 GCC 编译源代码时，始终带上"-Wall"选项，并尽可能减少警告信息的产生，从而养成良好的编程习惯，避免隐式编程错误。

1. GCC 编译流程

GCC 的编译过程分为 4 个步骤，分别是预处理、编译、汇编和链接。此处将以名为 hello.c 的 C 语言文件为例，对 GCC 的编译流程进行分析介绍。hello.c 文件中的代码具体如下：

```
# include <stdio.h>
int    main(  ){
    printf("hello world!/n");
    return o;
}
```

1) 预处理

预处理阶段主要处理源代码中以#开头的预编译指令和一些注释信息，处理规则如下：

· 删除代码中的 #define，展开所有宏定义。

· 处理条件编译指令，如 #if、#ifdef、#undef 等。

· 将由#include 包含的文件插入预编译指令对应的位置，若文件中包含其他文件，同样进行替换。

· 删除代码中的注释。

· 添加行号和文件标识。

· 保留#pragma 编译器指令。

预处理所用选项为 -E，其操作方法如下：

```
[root@localhost GCC_study]# gcc -E hello.c -o hello.i
```

```
[root@localhost GCC_study]# ls
hello.c    hello.i
[root@localhost GCC_study]#
```

-o 选项的功能是指定生成文件的文件名，后面各步骤中选项-o 的功能与此处相同。经过此步骤之后，会生成一个名为 hello.i 的文件，此时若查看 hello.i 文件中的内容，会发现 #include <stdio.h>一行被头文件 stdio.h 的内容替换。若源文件中有宏定义、注解、条件编译指令等信息，编译器也会按照前面所述处理规则进行处理。

2) 编译

在编译阶段，GCC 会对经过预处理的文件进行词法、语法和语义分析，确定代码实际要做的工作，若检查无误，则生成相应的汇编文件。编译所用选项为-S，其操作方法如下：

```
[root@localhost GCC_study]# gcc -S hello.i -o hello.s –Wall
[root@localhost GCC_study]# ls
hello.c    hello.i    hello.s
[root@localhost GCC_study]#
```

经过此步骤之后，会生成一个名为 hello.s 的文件。

3) 汇编

该过程将编译后生成的汇编代码转换为机器可以执行的命令，即二进制指令，每一个汇编语句几乎都会对应一条机器指令。汇编所用选项为 -c，其操作方法如下：

```
[root@localhost GCC_study]# gcc -c hello.s -o hello.o -Wall
[root@localhost GCC_study]# ls
hello.c    hello.i    hello.o    hello.s
[root@localhost GCC_study]#
```

此时，hello.o 文件中的内容为机器码。

4) 链接

链接的过程是组装各个目标文件的过程，在这个过程中会解决符号依赖和库依赖关系，最终生成可执行文件。其操作方法如下：

```
[root@localhost GCC_study]# gcc hello.o -o hello -Wall
[root@localhost GCC_study]# ls
hello    hello.c    hello.i    hello.o    hello.s
[root@localhost GCC_study]#
```

经过以上 4 个步骤，最终生成了可执行文件 hello。当然在实际使用中，通常直接使用 GCC 命令编译出可执行文件即可。

GCC 可以将单个文件编译成可执行文件，也可以编译链接多个文件，生成可执行文件。一般情况下不关心编译过程，只关心编译结果，此处只是通过编译步骤中对应的命令介绍了编译的流程。下面将结合实例，就单文件编译和多文件编译分别进行介绍。

2. 单文件编译

以上文给出的 hello.c 文件为例进行单文件编译，将该文件编译为可执行文件的最简单的方法是在命令行中输入如下命令：

```
[root@localhost GCC_study]# gcc hello.c -Wall
[root@localhost GCC_study]# ls
a.out   hello   hello.c   hello.i   hello.o   hello.s
[root@localhost GCC_study]#
```

编译的过程中，GCC 编译器会先将源文件编译为目标文件，再将目标文件链接到可执行文件，最后删除目标文件。编译完成之后，当前目录会生成一个默认名为 a.out 的可执行文件。此时在命令行中输入可执行文件的路径名 ./a.out，就会执行该程序并打印执行结果。结果如下：

```
[root@localhost GCC_study]# ./a.out
Hello world!
[root@localhost GCC_study]#
```

使用 GCC 命令生成的所有可执行文件的默认名称都是 a.out。若想指定可执行文件的名字，可以使用 -o 选项，假设将编译后生成的可执行文件命名为 hello.out，则在命令行中输入以下命令：

```
[root@localhost GCC_study]# gcc hello.c -o hello.out -Wall
[root@localhost GCC_study]# ls
a.out   hello   hello.c   hello.i   hello.o   hello.out   hello.s
[root@localhost GCC_study]# ./hello.out
Hello world!
[root@localhost GCC_study]#
```

3. 多文件编译

当源程序较复杂时，可以将一个源程序分别写在多个文件中，如此便可以独立编译每个文件。下面将一个实现整数相加功能的程序分别写在 3 个文件中，以此来介绍 GCC 中多文件编译的方法。

假设这 3 个文件分别为 add.h、add.c 和 main.c，文件代码分别如下：

(1) add.h：头文件，加法函数声明。例如：

```
int add(int a,int b);
```

(2) add.c：加法函数的定义。例如：

```
#include "add.h"
int add(int a,int b){
    int sum=a+b;
    return sum;
}
```

(3) main.c：主函数文件。例如：

```
#include <stdio.h>
#include "add.h"
int main(){
    int a=10;
```

```
        int b=20;
        int sum=add(a,b);
        printf("sum=%d\n",sum);
        return 0;
}
```

使用 GCC 编译多个文件的命令如下：

```
[root@localhost morefiles]# gcc main.c add.c -o main.out -Wall
[root@localhost morefiles]# ls
add.c   add.h   main.c   main.out
[root@localhost morefiles]# ./main.out
sum=30
[root@localhost morefiles]#
```

4.5　GDB 调试工具

GDB 是 Linux 系统中使用的一种非常强大的调试工具。GDB 可以逐条执行程序、操控程序的运行，并且随时可以查看程序中所有的内部状态，如各变量的值、传给函数的参数、当前执行的语句位置等，用它来判断代码中的逻辑错误。掌握了 GDB 的使用方法，Linux 用户将能使用更多灵活的方式去调试程序。

下面结合一个典型的错误示例，来介绍如何使用 GDB 调试程序。

以下程序的功能是实现对一个数组的排序，其中包含初始化数组、数组排序和数组打印这 3 个函数模块。程序代码如下：

```
1      #include <stdio.h>
2      #include <stdlib.h>
3      #include <time.h>
4      #define N 5
5      void init_array(int *arr, int len){
6          int i=0;
7          for(i=0; i<len; i++){
8              arr[i]=rand()%100+1;
9          }
10     }
11
12     void select_sort(int *arr, int len){
13         int i, j, k, tmp;
14         for(i=0; i<len-1; i++){
15             k=j;
16             for(j=i+1; j<len; j++){
```

```
17            if(arr[k]>arr[j])
18                k=j;
19          }
20          if(i!=k){
21              tmp=arr[i];
22              arr[i]=arr[k];
23              arr[k]=tmp;
24          }
25
26      }
27  }
28
29  void print_array(int *arr, int len){
30      int i;
31      for(i=0; i<len; i++){
32          printf("arr[%d]=%d\n", i, arr[i]);
33      }
34  }
35
36  int main(){
37      int array[N];
38      srand(time(NULL));
39      init_array(array, N);
40      print_array(array, N);
41      select_sort(array, N);
42      printf("-------------------after sort -------------------\n");
43      print_array(array, N);
44       return 0;
45  }
```

执行此程序，结果如下：

```
[root@localhost GDB_study]# gcc array_sort.c -Wall
[root@localhost GDB_study]# ./a.out
arr[0]=4
arr[1]=17
arr[2]=89
arr[3]=35
arr[4]=66
-------------------after sort -------------------
arr[0]=4
```

```
arr[1]=35
arr[2]=17
arr[3]=66
arr[4]=89
```

输出结果显然并非如此，这说明程序的逻辑出现了错误。此时可以启动 GDB 调试工具，在代码中设置断点，逐步执行程序，再根据程序中的变量值的变化，判断错误原因。

在启动 GDB 调试工具之前，需要在待调试的程序代码中加入调试信息。实现此操作的方法如下：

```
[root@localhost GDB_study]# gcc -g array_sort.c -o array_sort.test -Wall
[root@localhost GDB_study]# ls
a.out    array_sort.c    array_sort.test
[root@localhost GDB_study]#
```

即在 GCC 编译的基础上，添加选项-g，此时将会生成一个带有调试信息的可执行文件 array_sort.test。

使用 ls -lh 命令输出直接编译产生的可执行文件 a.out 和带有调试信息的可执行文件 array_sort.test 的详细信息，会发现文件 array_sort.test 要比 a.out 大，多出的内容将用于程序调试。使用的命令如下：

```
[root@localhost GDB_study]# ls -lh
总用量 24K
-rwxr-xr-x. 1 root root 7.5K 2 月    9 19:51 a.out
-rw-r--r--. 1 root root  698 2 月    9 19:55 array_sort.c
-rwxr-xr-x. 1 root root 9.3K 2 月    9 20:12 array_sort.test
[root@localhost GDB_study]#
```

接着便可使用 GDB 工具调试此程序，使用的命令如下：

```
[root@localhost GDB_study]# gdb array_sort.test
```

执行该命令后，系统会输出 GDB 的版本号及其他相关信息，此时的命令提示符由 [root@localhost GDB_study]# 变为(gdb)。

与 C 语言等的调试步骤相同，在调试之前，需要在代码中设置断点，因此应先列出程序代码。列出程序代码的命令格式如下：

```
list [行号]
```

该命令用于列出指定行附近的 10 行代码，若不指定行号，默认列出当前光标所在行的 10 行代码。用户可使用此命令继续查看代码，或按回车键查看之后的代码(每次列出 10 行，直到代码末尾)。代码如下：

```
(gdb) list 1
1       #include <stdio.h>
2       #include <stdlib.h>
3       #include <time.h>
4       #define N 5
5       void init_array(int *arr, int len){
```

```
6        int i=0;
7        for(i=0; i<len; i++){
8            arr[i]=rand()%100+1;
9        }
10   }
(gdb) list
11
12   void select_sort(int *arr, int len){
13       int i, j, k, tmp;
14       for(i=0; i<len-1; i++){
15           k=j;
16           for(j=i+1; j<len; j++){
17               if(arr[k]>arr[j])
18                   k=j;
19           }
20           if(i!=k){
(gdb) ↙(回车键)
21               tmp=arr[i];
22               arr[i]=arr[k];
23               arr[k]=tmp;
24           }
25
26       }
27   }
28
29   void print_array(int *arr, int len){
30       int i;
(gdb)
...
```

根据之前程序输出的结果，可以粗略判断有错的代码应在排序函数中，因此可以在排序函数中设置断点。设置断点的命令格式如下：

```
b 行号
```

该命令表示在对应行设置一个断点。其使用方法如下：

```
(gdb) b 12
Breakpoint 1 at 0x40064e: file array_sort.c, line 12.
(gdb)
```

若想查看代码中已经设置的断点，可以使用 info 命令，该命令的格式如下：

```
info b
```

执行此命令后，对应代码中设置的断点信息将会显示在屏幕上。此时程序中已设置断点的信息如下：

```
(gdb) info b
Num        Type           Disp Enb Address                              What
1          breakpoint     keep y           0x000000000040064e in select_sort at array_sort.c:12
(gdb)
```

该信息中主要包括：断点编号 Num、断点状态 Enb、断点地址 Address 以及断点在程序中所处的位置。

在设置断点时还可以指定条件。若想在 i=5 时设置断点，可以使用以下命令：

```
b 14 if i=5
```

该命令表示当 i=5 时，在代码第 14 行设置一个断点，此时使用 info b 命令查看断点信息，显示结果如下：

```
(gdb) info b
Num        Type           Disp Enb Address                              What
1          breakpoint     keep y           0x000000000040064e in select_sort at array_sort.c:12
2          breakpoint     keep y           0x000000000040064e in select_sort at array_sort.c:14
stop only if i=5
(gdb)
```

在第二个断点的相关信息之后显示 stop only if i=5，表示当程序执行到 i=5 时，断点才会生效。

在断点的信息中，有一项为 Enb，当此项显示为 y 时，表示断点生效。此项可通过 disable 命令设置为 n，表示断点无效，disable 的命令格式如下：

```
disable Num
```

其中的参数 Num 表示断点的编号。若要将断点的 Enb 状态重新修改为 y，可以使用 enable 命令。

disable 命令和 enable 命令的使用方法如下：

```
(gdb) disable 1
(gdb) info b
Num        Type           Disp Enb Address                              What
1          breakpoint     keep n           0x000000000040064e in select_sort at array_sort.c:12
2          breakpoint     keep y           0x000000000040064e in select_sort at array_sort.c:14
stop only if i=5
(gdb)
(gdb) enable 1
(gdb) info b
Num        Type           Disp Enb Address                              What
1          breakpoint     keep y           0x000000000040064e in select_sort at array_sort.c:12
2          breakpoint     keep y           0x000000000040064e in select_sort at array_sort.c:14
stop only if i=5
(gdb)
```

若在调试的过程中，发现设置的某些断点意义不大，可以将断点删除。删除断点的命令为 delete，其命令格式如下：

```
delete Num
```

其中的参数 Num 表示断点的编号。delete 命令的使用方法如下：

```
(gdb) delete 2
(gdb) info b
Num     Type          Disp Enb Address              What
1       breakpoint    keep y   0x000000000040064e in select_sort at array_sort.c:12
(gdb)
```

断点设置好之后，便可以再次运行程序，查看调试信息。在 GDB 中运行程序的命令为 run，输入此命令，程序将开始执行。

在遇到断点时，程序会停止，此时可以使用命令 p 查看当前状态下代码中变量的值，该命令格式如下：

```
p  变量名
```

若希望程序继续向下执行，可以使用命令 s(s 即 step，表示单步执行)。使用命令 s 会进入 C 函数内部，因 C 函数作为标准函数库，基本都不会出现错误，此时可以使用命令 n 跳过库函数检查。另外，使用命令 finish 也可以跳出当前函数，继续往下执行。

使用命令 p 时，变量的值仅会输出一次，若想在执行的过程中跟踪某个变量的值，使用这种方法显然比较麻烦。GDB 中还提供了另外一个命令 display，该命令的用法与 p 相同，但是程序每往下执行一句，需要跟踪的变量的值就会被输出一次。使用命令 undisplay 可以取消跟踪。

回到前面出现逻辑错误的程序中，通过分析程序，发现在 select_sort 函数中需要跟踪的变量只有 3 个，即 i、j、k。此时，可将断点设置在第 14 行(for(i=0; i<len-1; i++){})，并使用 display 命令跟踪这 3 个变量，接着使用命令 s(单步执行)逐步执行程序，输出变量 k、j、i 的值。其具体操作过程如下(首先使用 continue 命令结束当前断点调试，然后使用 run 命令再次运行程序)：

```
(gdb) continue
Continuing.
-------------------after sort --------------------
arr[0]=4
arr[1]=66
arr[2]=27
arr[3]=81
arr[4]=98

Program exited normally.
(gdb) run
Starting program: /root/GCC_study/morefiles/GDB_study/array_sort.test
arr[0]=61
```

```
arr[1]=12
arr[2]=46
arr[3]=25
arr[4]=32

Breakpoint 1, select_sort (arr=0x7fffffffe0d0, len=5) at array_sort.c:14
14    for(i=0; i<len-1; i++){
4: k = 0
3: j = 0
2: i = 4195568
(gdb) s
15    k=j;
4: k = 0
3: j = 0
2: i = 0
(gdb) s
16    for(j=i+1; j<len; j++){
4: k = 0
3: j = 0
2: i = 0
(gdb) s
17    if(arr[k]>arr[j])
4: k = 0
3: j = 1
2: i = 0
(gdb) s
18    k=j;
4: k = 0
3: j = 1
2: i = 0
(gdb) s
16    for(j=i+1; j<len; j++){
4: k = 1
3: j = 1
2: i = 0
(gdb) s
17    if(arr[k]>arr[j])
4: k = 1
3: j = 2
```

```
2: i = 0
(gdb) s
16    for(j=i+1; j<len; j++){
4: k = 1
3: j = 2
2: i = 0
(gdb) s
17    if(arr[k]>arr[j])
4: k = 1
3: j = 3
2: i = 0
(gdb) s
16    for(j=i+1; j<len; j++){
4: k = 1
3: j = 3
2: i = 0
(gdb) s
17    if(arr[k]>arr[j])
4: k = 1
3: j = 4
2: i = 0
(gdb) s
16    for(j=i+1; j<len; j++){
4: k = 1
3: j = 4
2: i = 0
(gdb) s
20    if(i!=k){
4: k = 1
3: j = 5
2: i = 0
(gdb) s
21    tmp = arr[i];
4: k = 1
3: j = 5
2: i = 0
(gdb) s
22    arr[i] = arr[k];
4: k = 1
```

```
3: j = 5
2: i = 0
(gdb) s
23    arr[k] = tmp;
4: k = 1
3: j = 5
2: i = 0
(gdb) s
14    for(i=0; i<len-1; i++){
4: k = 1
3: j = 5
2: i = 0
(gdb) s
15    k = j;
4: k = 1
3: j = 5
2: i = 1
(gdb) s
16    for(j=i+1; j<len; j++){
4: k = 5
3: j = 5
2: i = 1
(gdb) s
17    if(arr[k]>arr[j])
4: k = 5
3: j = 2
2: i = 1
(gdb) s
…
```

在程序执行的过程中,通过追踪变量 k 的值,发现其值竟然变为 5,这超出数组下标
范围,因此可以判断 k 的赋值应该有问题。观察代码,发现代码第 15 行 k=j 应修改为 k=i。

若想结束调试,可以先使用 continue 命令结束当前断点调试,再使用 quit 命令退出调
试,回到命令窗口。

虽然 GDB 调试工具很强大,但其工作原理仍遵循"分析现象→假设错误原因→产生
新现象→验证假设"这一基本思想。透过现象深入分析错误原因、针对假设的原因设计验
证方法等都需要严密的分析和思考。

修改逻辑错误后,并多次运行代码,结果如下:

```
[root@localhost GDB_study]# gcc array_sort.c -Wall
[root@localhost GDB_study]# ./a.out
```

```
arr[0]=31
arr[1]=69
arr[2]=48
arr[3]=15
arr[4]=26
-----------------after sort ------------------
arr[0]=15
arr[1]=26
arr[2]=31
arr[3]=48
arr[4]=69
[root@localhost GDB_study]# ./a.out
arr[0]=32
arr[1]=6
arr[2]=26
arr[3]=57
arr[4]=86
-----------------after sort ------------------
arr[0]=6
arr[1]=26
arr[2]=32
arr[3]=57
arr[4]=86
[root@localhost GDB_study]# ./a.out
arr[0]=28
arr[1]=11
arr[2]=42
arr[3]=90
arr[4]=88
-----------------after sort ------------------
arr[0]=11
arr[1]=28
arr[2]=42
arr[3]=88
arr[4]=90
[root@localhost GDB_study]#
```

下 篇

计算机操作系统原理实验

第 5 章　进程的描述与控制实验

5.1　进　程　同　步

【实验目的】

(1) 掌握 Linux 中 GCC 工具的安装与使用；

(2) 掌握记录型信号量的意义；

(3) 能利用记录型信号量实现进程同步。

【实验内容】

(1) 利用信号量按照语句间的前趋关系(如图 5.1 所示)，写出一个可并发执行的程序。图 5.1 中，S1，S2，S3，…，S6 是最简单的程序段(只有一条语句)。

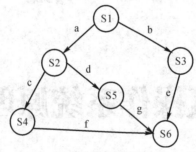

图 5.1　前趋图举例

(2) 生产者—消费者(Producer–Consumer)问题是一个著名的进程同步问题。它描述的是：有一群生产者进程在生产产品，并将这些产品提供给消费者进程去消费。为使生产者进程与消费者进程能并发执行，在两者之间设置了一个具有 n 个缓冲区的缓冲池，生产者进程将其所生产的产品放入一个缓冲区中；消费者进程可从一个缓冲区中取走产品去消费。尽管所有的生产者进程和消费者进程都是以异步方式运行的，但它们之间必须保持同步，既不允许消费者进程到一个空缓冲区去取产品，也不允许生产者向一个已装满产品且尚未被取走的缓冲区中投放产品。

【实验原理】

(1) 设有两个并发执行的进程 P1 和 P2，P1 中有语句 S1，P2 中有语句 S2，希望在 S1 执行后再执行 S2。为实现这种前趋关系，只需使进程 P1 和 P2 共享一个公用信号量 s，并赋予其初值为 0，将 signal(s)操作放在语句 S1 后面，而在 S2 语句前面插入 wait(s) 操作。对于图 5.1，为使各程序段能正确执行，应设置若干个初始值为"0"的信号量。如为保证 S1→S2 和 S1→S3 的前趋关系，应分别设置信号量 a 和 b，同样，为了保证

S2→S4、S2→S5、S3→S6、S4→S6 和 S5→S6 的前趋关系，应设置信号量 c、d、e、f 和 g。

(2) ① 利用一个数组 buffer 来表示生产者—消费者问题中的具有 n 个缓冲区的缓冲池。每投入(或取出)一个产品时，缓冲池 buffer 中暂存产品(或已取走产品的空闲单元)的数组单元指针 in(或 out)加 1。由于这里由 buffer 组成的缓冲池是被组织成循环缓冲的，故应把输入指针 in(或输出指针 out) 加 1，表示成 in=(in+1)%n(或 out=(out+1)%n)。当 (in+1)%n==out 时，表示缓冲池满；而 in==out 则表示缓冲池空。生产者和消费者两个进程共享下面的变量：

```
int in=0, out=0;
intem buffer[n];
```

② 利用互斥信号量 mutex 实现诸进程(生产者和消费者)对缓冲池的互斥使用，互斥信号量 mutex 的初始值为 1；利用信号量 empty 和 full 分别表示缓冲池中空缓冲区和满缓冲区的数量，初始时 empty 的值为 n，full 的值为 0。假定这些生产者和消费者相互等效，只要缓冲池未满，生产者便可将产品送入缓冲池；只要缓冲池未空，消费者便可从缓冲池中取走一个产品。信号量设计如下：

```
semaphore mutex=1;
semaphore empty=n, full=0;
```

【实验代码】

1. 利用信号量实现前趋关系

参考代码如下：

```
//pthread_mutex_app1.c
#include <stdio.h>
#include <string.h>
#include <pthread.h>
#include <stdlib.h>
#include <unistd.h>
#include <semaphore.h>
sem_t a,b,c,d,e,f,g;                              //定义互斥信号量
void err_thread(int ret, char *str)
{
    if (ret != 0) {
        fprintf(stderr, "%s:%s\n", str, strerror(ret));
        pthread_exit(NULL);
    }
}
void *p1(void *arg)
{
    printf("S1-->");
```

```
    sem_post(&a);                              //唤醒 S2
    sem_post(&b);                              //唤醒 S3
    sleep(rand() % 5);
    return NULL;
}
void *p2(void *arg)
{
    sem_wait(&a);                              //等待 a
    printf("-->S2");
    sem_post(&c);                              //唤醒 S4
    sem_post(&d);                              //唤醒 S5
    sleep(rand() % 5);
    return NULL;
}
void *p3(void *arg)
{
    sem_wait(&b);                              //等待 b
    printf("-->S3-->");
    sem_post(&e);                              //唤醒 S6
    return NULL;
}
void *p4(void *arg)
{
    sem_wait(&c);                              //等待 c
    printf("-->S4-->");
    sem_post(&f);                              //唤醒 S6
    sleep(rand() % 5);
    return NULL;
}
void *p5(void *arg)
{
    sem_wait(&d);                              //等待 d
    printf("-->S5-->");
    sem_post(&g);                              //唤醒 S6
    sleep(rand() % 5);
    return NULL;
}
void *p6(void *arg)
{
```

```
        sem_wait(&e);                                //等待 e
        sem_wait(&f);                                //等待 f
        sem_wait(&g);                                //等待 d
        printf("S6");
        sleep(rand() % 5);
        return NULL;
}
int main(void)
{
        pthread_t tid1, tid2, tid3, tid4, tid5, tid6;
        int ret;
        sem_init(&a, 0, 0);                          //互斥信号量初始值为 0
        sem_init(&b, 0, 0);                          //互斥信号量初始值为 0
        sem_init(&c, 0, 0);                          //互斥信号量初始值为 0
        sem_init(&d, 0, 0);                          //互斥信号量初始值为 0
        sem_init(&e, 0, 0);                          //互斥信号量初始值为 0
        sem_init(&f, 0, 0);                          //互斥信号量初始值为 0
        sem_init(&g, 0, 0);                          //互斥信号量初始值为 0
        pthread_create(&tid1, NULL, p1, NULL);
        err_thread(ret, "pthread_create error");
        ret = pthread_create(&tid2, NULL, p2, NULL);
        err_thread(ret, "pthread_create error");
        pthread_create(&tid3, NULL, p3, NULL);
        err_thread(ret, "pthread_create error");
        ret = pthread_create(&tid4, NULL, p4, NULL);
        err_thread(ret, "pthread_create error");
        ret = pthread_create(&tid5, NULL, p5, NULL);
        err_thread(ret, "pthread_create error");
        ret = pthread_create(&tid6, NULL, p6, NULL);
        err_thread(ret, "pthread_create error");
        pthread_join(tid1, NULL);                    //主线程回收终止线程的资源
        pthread_join(tid2, NULL);                    //主线程回收终止线程的资源
        pthread_join(tid3, NULL);                    //主线程回收终止线程的资源
        pthread_join(tid4, NULL);                    //主线程回收终止线程的资源
        pthread_join(tid5, NULL);                    //主线程回收终止线程的资源
        pthread_join(tid6, NULL);                    //主线程回收终止线程的资源
        sem_destroy(&a);
        sem_destroy(&b);
        sem_destroy(&c);
```

```
    sem_destroy(&d);
    sem_destroy(&e);
    sem_destroy(&f);
    sem_destroy(&g);
    printf("\n");
    return 0;
}
```

测试结果如下：

```
[root@localhost chaper2]# gcc pthread_mutex_app1.c -lpthread
[root@localhost chaper2]# ./a.out
S1-->-->S3-->-->S2-->S4-->-->S5-->S6
[root@localhost chaper9]#
```

2. 利用记录型信号量实现生产者—消费者问题

(1) 实现 1 个生产者—1 个消费者模型。条件限制：若容器已满，生产者不能生产，需等待消费者消费；若产品为空，则消费者不能消费，需等待生产者生产；生产者循环生产，消费者循环消费。

参考代码如下：

```
//pthread_sem_app1.c
#include <stdlib.h>
#include <unistd.h>
#include <pthread.h>
#include <stdio.h>
#include <semaphore.h>
#define NUM 5
int queue[NUM];                            //全局数组实现环形队列
int in=0;
int out=0;
sem_t blank_number, product_number;        //空格子信号量，产品信号量
sem_t mutex;                               //互斥锁
void *producer(void *arg)
{
    int j=1;
    while (j<=6) {                         //生产者循环生产
        sem_wait(&blank_number);           //生产者将空格子数减1，为0则阻塞等待
        sem_wait(&mutex);
        queue[in] = rand() % 1000 + 1;     //生产一个产品
        printf("----Produce---%d\n", queue[in]);
        in= (in + 1) % NUM;                //借助下标实现环形
```

```
        sem_post(&mutex);
        sem_post(&product_number);                //将产品数加 1
        sleep(rand() % 2);
        j++;
     }
    pthread_exit(NULL);
}
void *consumer(void *arg)
{
    int j=1;
    while (j<=6) {                                //消费者循环消费
        sem_wait(&product_number);                //消费者将产品数减 1，为 0 则阻塞等待
        sem_wait(&mutex);
        printf("-Consume---%d\t%lu\n", queue[out], pthread_self());
        queue[out] = 0;                           //消费一个产品
        out = (out + 1) % NUM;
        sem_post(&mutex);
        sem_post(&blank_number);                  //消费掉以后，将空格子数加 1
        sleep(rand() % 1);
        j++;
    }
    pthread_exit(NULL);
}
int main(int argc, char *argv[])
{
    pthread_t pid, cid1,cid2;
    int ret;
    sem_init(&blank_number, 0, NUM);              //初始化空格子信号量为 5
    sem_init(&product_number, 0, 0);             //初始化产品数信号量为 0
    sem_init(&mutex,0,1);                        //互斥锁初始值为 1
    pthread_create(&pid, NULL, producer, NULL);
    pthread_create(&cid1, NULL, consumer, NULL);
    pthread_join(pid, NULL);
    pthread_join(cid1, NULL);
    sem_destroy(&blank_number);
    sem_destroy(&product_number);
    sem_destroy(&mutex);
    return 0;
}
```

测试结果如下：

```
[root@localhost chaper2]# gcc pthread_sem_app1.c -lpthread
[root@localhost chaper2]# ./a.out
----Produce---384
----Produce---778
-Consume---384   140070862141184
-Consume---778   140070862141184
----Produce---387
-Consume---387   140070862141184
----Produce---422
----Produce---28
----Produce---60
-Consume---422   140070862141184
-Consume---28   140070862141184
-Consume---60   140070862141184
[root@localhost chaper2]#
```

(2) NUM 个生产者—NUM 个消费者模型：每个生产者生产 1 个产品，每个消费者消费 1 个产品；若容器已满，生产者不能生产，需等待消费者消费；若产品为空，则消费者不能消费，需等待生产者生产。

参考代码如下：

```
#include <stdlib.h>
#include <unistd.h>
#include <pthread.h>
#include <stdio.h>
#include <semaphore.h>
#define NUM 10                        // NUM 为 10，即 10 个生产者和 10 个消费者共享循环队列
int queue[NUM];                       //全局数组实现环形队列
int in=0;
int out=0;
sem_t blank_number, product_number;   //空格子信号量, 产品信号量
sem_t mutex;                          //互斥锁

void *producer(void *arg)
{
    sem_wait(&blank_number);          //生产者将空格子数减 1，为 0 则阻塞等待
    sem_wait(&mutex);
    queue[in] = rand() % 1000 + 1;    //生产一个产品
    printf("----Produce---%d\n", queue[in]);
    in = (in + 1) % NUM;              //借助下标实现环形
```

```
        sem_post(&mutex);
        sem_post(&product_number);                //将产品数加 1
        sleep(rand() % 1);
        pthread_exit(NULL);
}
void *consumer(void *arg)
{
        sem_wait(&product_number);                //消费者将产品数减 1，为 0 则阻塞等待
        sem_wait(&mutex);
        printf("-Consume---%d\t%lu\n", queue[out], pthread_self());
        queue[out] = 0;                           //消费一个产品
        out = (out + 1) % NUM;
        sem_post(&mutex);
        sem_post(&blank_number);                  //消费掉以后，将空格子数加 1
        sleep(rand() % 1);
        pthread_exit(NULL);
}
int main(int argc, char *argv[])
{
        int i,j;                                  //创建生产者和消费者数量
        pthread_t pid[NUM], cid[NUM];
        int ret;
        sem_init(&blank_number, 0, NUM);          //初始化空格子信号量为 NUM
        sem_init(&product_number, 0, 0);          //初始化产品数信号量为 0
        sem_init(&mutex, 0, 1);                   //互斥锁初始值为 1
        for(i=0;i<NUM;i++)                        //创建 NUM 个生产者
        {
            pthread_create(&pid[i], NULL, producer, NULL);
        }
        for(i=0;i<NUM;i++)                        //创建 NUM 个消费者
        {
            pthread_create(&cid[i], NULL, consumer, NULL);
        }
        for(i=0; i<NUM; i++)                      //回收 NUM 个生产者
        {
            pthread_join(pid[i], NULL);
        }
        for(i=0; i<NUM; i++)                      //回收 NUM 个生产者
        {
```

```
        pthread_join(cid[i], NULL);
    }
    sem_destroy(&blank_number);
    sem_destroy(&product_number);
    sem_destroy(&mutex);
    return 0;
}
```

测试结果如下：

```
[root@localhost chaper2]# ./a.out
----Produce---384
----Produce---778
----Produce---794
----Produce---387
----Produce---650
----Produce---363
----Produce---691
----Produce---764
-Consume---384   139841141847808
----Produce---427
-Consume---778   139841131357952
-Consume---794   139841120868096
-Consume---387   139841110378240
-Consume---650   139841099888384
-Consume---363   139841089398528
-Consume---691   139841078908672
-Consume---764   139841068418816
-Consume---427   139841057928960
----Produce---124
-Consume---124   139841047439104
[root@localhost chaper2]#
```

【思考练习】

1. 有一个计算进程和一个打印进程，它们共享一个单缓冲区，计算进程不断地计算出一个整型结果并将该结果放入单缓冲区，打印进程则负责从单缓冲区中取出每一个结果进行打印。试用信号量来实现它们的同步关系。

2. 有三个进程 PA、PB 和 PC 协作解决文件打印问题。PA 将文件记录从磁盘读入内存的缓冲区 1，每执行一次读一个记录；PB 将缓冲区 1 的内容复制到缓冲区 2 中，每执行一次复制一个记录；PC 将缓冲区 2 的内容打印出来，每执行一次打印一个记录。缓冲区的大小与记录大小一样。试用信号量来保证文件的正确打印。

5.2　进程通信

【实验目的】

(1) 分析并发进程实现资源共享的原理，掌握进程通信的方法；

(2) 掌握创建有名管道和无名管道的方法；

(3) 掌握 pipe( )、popen( )和 mkfifo( )函数的用法。

【实验内容】

1. 匿名管道通信

(1) 使用 pipe( )实现父子进程间通信，要求父进程作为写端，子进程作为读端。

(2) 使用 pipe( )实现兄弟进程间通信，使兄弟进程实现命令 ls | wc -l 的功能。

(3) 使用 popen( )和 pclose( )实现管道通信，要求用 popen( )创建管道，实现"ls -l | grep yq_"的功能。

2. 命名管道通信

使用 FIFO 实现没有亲缘关系进程间的通信。这里需要在两个程序中实现，程序 fifo_write.c 完成 FIFO 的写操作，程序 fifo_read.c 实现 FIFO 的读操作。

【实验原理】

管道通信指发送进程以字符流形式将数据送入管道，即 pipe 文件，接收进程从管道接收数据。管道是一种文件，可调用 read( )、write( )和 close( )等函数对管道进行操作。管道的本质是内核维护的一块缓冲区与管道文件相关联，对管道文件的操作被内核转换成对这块缓冲区的操作。

(1) 调用函数 pipe(int fd[2])创建管道，如果成功，则返回值是 0，如果失败，则返回值是 -1。成功调用 pipe( )函数之后，返回两个打开的文件描述符，一个是管道的读取端描述符 fd[0]，另一个是管道的写入端描述符 fd[1]。

(2) 重定向函数 dup2( )存在于函数库 unistd.h 中，函数声明如下：

```
int dup2(int oldfd,int newfd);
```

其功能是将参数 oldfd 的文件描述符传递给参数 newfd，若函数调用成功则返回参数 newfd，否则返回 -1 并设置 errno。

(3) 先用 popen( )函数创建一个读管道，调用 fread( )函数将"ls -l"的结果存入 buf 变量，用 printf( )函数输出 buf 内容，用 pclose( )函数关闭读管道；接着用 popen( )函数创建一个写管道，调用 fprintf( )函数将 buf 的内容写入管道，运行"grep yq_"命令。

(4) 命名管道又名 FIFO(First In First Out)，它与匿名管道的不同之处在于：命名管道与系统中的一个路径名关联，以文件的形式存在于文件系统中，因此，系统中的不同进程可以通过 FIFO 的路径名访问 FIFO 文件，实现彼此间的通信。

Linux 系统中可以通过 mkfifo 命令创建 FIFO 文件，该命令的格式如下：

```
mkfifo [选项] 参数
```

mkfifo 命令的参数一般为文件名，其常用选项为 -m，用于指定所创建文件的权限。

在程序中创建 FIFO 文件的函数与 mkfifo 同名，mkfifo( )的头文件为 sys/type.h 与 sys/stat.h(Linux 下 GCC 环境内置，可不包含)，其函数声明如下：

```
int mkfifo(const char *pathname, mode_t mode);
```

参数 pathname 表示管道文件的路径名；参数 mode 用于指定 FIFO 文件的访问权限。mkfifo( )调用成功时返回 0，否则返回 -1 并设置 errno。

【实验代码】

(1) 参考代码如下：

```c
//example1.c
#include <stdlib.h>
#include <string.h>
#include <unistd.h>
int main()
{
    int fd[2];
    int ret=pipe(fd);
    if(ret==-1)
    {
        perror("pipe");
        exit(1);
    }
    pid_t pid=fork();
    if(pid>0)
    {
        close(fd[0]);
        char *p="hello, pipe\n";
        write(fd[1], p, strlen(p)+1);
        close(fd[1]);
        wait(NULL);
    }
    else if(pid==0)
    {
        close(fd[1]);
        char buf[64]={0};
        ret=read(fd[0], buf, sizeof(buf));
        close(fd[0]);
        write(STDOUT_FILENO, buf, ret);
        //STDIN_FILENO 文件描述符，一般定义为 0、1、2，属于没有 buffer 的 I/O
    }
```

```
  return 0;
  }
```

在 C 语言程序编写中，标准输入用 stdin 表示，标准输出用 stdout 表示，标准出错用 stderr 表示，但在一些调用函数中，用 STDIN_FILENO 表示标准输入，用 STDOUT_FILENO 表示标准输出，用 STDERR_FILENO 表示标准出错。它们的区别为：stdin 等是 FILE *类型，属于标准 I/O，在<stdio.h>中定义；STDIN_FILENO 等是文件描述符，是非负整数，一般定义为 0、1、2，属于没有 buffer 的 I/O，在<unistd.h>中定义。

测试结果如下：

```
[root@localhost chaper2]# gcc example1.c
[root@localhost chaper2]# ./a.out
hello, pipe
[root@localhost chaper2]#
```

(2) 参考代码如下：

```c
//example2.c
#include <stdio.h>
#include <stdlib.h>
#include <unistd.h>
int main()
{
  int fd[2];
  int ret=pipe(fd);
  if(ret==-1)
  {
    perror("pipe err");
    exit(1);
  }
  int i;
  pid_t pid, wpid;
  for(i=0; i<2; i++)
  {
    if((pid=fork())==0)
      break;
  }
  if(i==2)                          //父进程，关闭读写两端
  {
    close(fd[0]);
    close(fd[1]);

    wpid=wait(NULL);
```

```
            printf("wait child 1 success, pid=%d\n", wpid);
            pid=wait(NULL);
            printf("wait child 2 success, pid=%d\n", pid);
        }
        else if(i==0) //write
        {
            close(fd[0]);
            dup2(fd[1], STDOUT_FILENO);
            execlp("ls", "ls", NULL);
        }
        else if(i==1) //read
        {
            close(fd[1]);
            dup2(fd[0],STDIN_FILENO);
            execlp("wc", "wc", "-l", NULL);
        }
        return 0;
    }
```

注意：匿名管道不可共用，因此父进程中管道的文件描述符必须要关闭，否则父进程中的读端会使进程阻塞。

测试结果如下：

```
[root@localhost chaper2]# gcc example2.c
[root@localhost chaper2]# ./a.out
3
wait child 1 success, pid=3870
wait child 2 success, pid=3869
[root@localhost chaper2]# ls | wc -l
3
[root@localhost chaper2]#
```

(3) 参考代码如下：

```
//example3.c
#include <stdio.h>
int main()
{
    FILE *r_fp,*w_fp;
    char buf[80];
    r_fp=popen("ls","r");              //将命令执行结果(匿名管道中)读取到程序中
    w_fp=popen("wc -l","w");           //将程序中的数据写入匿名管道中，供相关命令执行
```

```
  while(fgets(buf,sizeof(buf),r_fp)!=NULL)
    fputs(buf,w_fp);
  pclose(r_fp);
  pclose(w_fp);
  return 0;
}
```

测试结果如下：

```
[root@localhost chaper2]# ./a.out
4
[root@localhost chaper2]# ls | wc -l
4
[root@localhost chaper2]#
```

(4) 参考代码如下：

```
//fifo_write.c
#include <stdio.h>
#include <stdlib.h>
#include <string.h>
#include <fcntl.h>
int main(int argc, char *argv[])
{
  if(argc<2)
  {
    printf("./a.out fifoname\n");
    exit(1);
  }
  int ret=access(argv[1], F_OK);
  if(ret==-1)
  {
    int r=mkfifo(argv[1],0664);
    if(r==-1)
    {
      perror("mkfifo");
      exit(1);
    }
    else
    {
      printf("fifo creat success!\n");
    }
  }
```

```
    int fd=open(argv[1], O_WRONLY);
    while(1)
    {
      char *p="hello, linux!";                    //程序提供写入的数据指针
      write(fd, p, strlen(p)+1);
      sleep(1);
    }
    close(fd);
    return 0;
}
```

这里在程序 fifo_write.c 中实现 FIFO 的写操作，在程序 fifo_read.c 中实现 FIFO 的读操作。参考代码如下：

```
//fifo_read.c
#include <stdio.h>
#include <stdlib.h>
#include <string.h>
#include <unistd.h>
#include <sys/types.h>
#include <sys/stat.h>
#include <fcntl.h>

int main(int argc, char *argv[])
{
  if(argc<2)
  {
    printf("./a.out fifoname\n");
    exit(1);
  }
  int ret=access(argv[1],F_OK);
  if(ret==-1)
  {
    int r=mkfifo(argv[1],0664);
    if(r==-1)
    {
      perror("mkfifo");
      exit(1);
    }
    else
    {
```

```
        printf("fifo creat success!\n");
    }
}
    int fd=open(argv[1], O_RDONLY);
    if(fd==-1)
    {
        perror("open");
        exit(1);
    }
    while(1)
    {
        char buf[80]={0};                    //程序提供读入数据的容器
        read(fd, buf, sizeof(buf));
        printf("buf=%s\n", buf);
    }
    close(fd);
    return 0;
}
```

测试结果如下：

```
[root@localhost chaper2]# gcc fifo_write.c -o fifo_write
[root@localhost chaper2]# gcc fifo_read.c -o fifo_read
[root@localhost chaper2]# ls
example2.c   fifo_read      fifo_write
example1.c   example3.c   fifo_read.c   fifo_write.c
[root@localhost chaper2]#

[root@localhost chaper2]# mkfifo myfifo
[root@localhost chaper2]# ls
a.out            example2.c      fifo_read       fifo_write       myfifo
example1.c       example3.c      fifo_read.c     fifo_write.c
[root@localhost chaper2]#
//一个终端运行写管道：每隔 1 秒向 myfifo 中写入一条数据
[root@localhost chaper2]# ./fifo_write myfifo

//另一个终端运行读管道：受到写速度的影响，读进程打印信息的时间间隔为 1 秒
//当写进程的速度较慢时，读进程会阻塞等待写进程写入数据
[root@localhost chaper2]# ./fifo_read myfifo
buf=hello, linux!
buf=hello, linux!
```

```
buf=hello, linux!
buf=hello, linux!
buf=hello, linux!
buf=hello, linux!
buf=hello, linux!
buf=hello, linux!
buf=hello, linux!
buf=hello, linux!
buf=hello, linux!
buf=hello, linux!
buf=hello, linux!
buf=hello, linux!
buf=hello, linux!
buf=hello, linux!
^C
[root@localhost chaper2]#
[root@localhost chaper2]# rm myfifo
rm：是否删除先进先出 "myfifo"？ y
[root@localhost chaper2]# ./fifo_write myfifo
fifo creat success!
```

关于读写速度的测试与思考：将 fifo_write.c 中使用的 sleep(1)去掉，在 fifo_read.c 中添加 sleep(1)后，让读进程的速度较慢，当写进程将 myfifo 缓冲区写满时，写进程会阻塞等待读进程将数据读出。

测试结果如下：

```
//一个终端运行写进程：循环写入数据
[root@localhost chaper2]# ./fifo_write myfifo


//一个终端运行读进程：每隔 1 秒读管道数据
[root@localhost chaper2]# ./fifo_read myfifo
buf=hello, linux!
buf=llo, linux!
buf=o, linux!
buf=linux!
buf=nux!
buf=x!
buf=
buf=ello, linux!
buf=lo, linux!
```

```
buf=, linux!
buf=inux!
buf=ux!
buf=!
buf=hello, linux!
buf=llo, linux!
buf=o, linux!
buf=linux!
buf=nux!
buf=x!
buf=
buf=ello, linux!
buf=lo, linux!
buf=, linux!
buf=inux!
buf=ux!
buf=!
buf=hello,linux!
^C
[root@localhost chaper2]#
```

【思考练习】

1. 应用 popen( )函数实现一个程序，首先在管道中让用户输入数据，然后从管道中取出用户输入的数据，最终将该数据显示在终端。

说明：在主程序中，popen( )函数的第一个参数是文件命令(./input)，即把一个可执行文件(./input)作为 I/O 标准流管道，主程序从管道 fpin 中读取一行字符到 line，接着再输出到标准终端 stdout。input.c 程序的功能是把输入的大写字符转化为小写字符并输出。

2. 设计两个程序，要求用命名管道 FIFO 实现简单的聊天功能。

第6章　处理机调度与死锁实验

6.1　处理机调度

【实验目的】

(1) 模拟在单处理机环境下多个进程并发执行的过程;

(2) 加深对进程调度原理的理解;

(3) 掌握高响应比优先(Highest Response Ratio Next,HRRN)调度算法的实现过程。

【实验内容】

某单处理机系统要处理一批作业,作业信息如表6.1所示。系统在确定它们全部到达后,将采用响应比高者优先的调度算法对它们进行调度,它们的调度顺序是什么?各自的周转时间是多少?各自的带权周转时间是多少?平均周转时间是多少?平均带权周转时间是多少?

表6.1　作业达到和需服务时间

作业号	到达时间/秒	需要运行时间/秒
Job1	5	2
Job2	2	5
Job3	2	4
Job4	3	7
Job5	1	2

【实验原理】

高响应比优先调度算法是一种对 CPU 中央控制器响应比分配的算法。该算法是介于FCFS(First Come First Serve,先来先服务)算法与SJF(Short Job First,短作业优先)算法之间的折中算法,既考虑作业等待时间又考虑作业运行时间,既照顾短作业又不使长作业等待时间过长,改进了调度性能。

该算法中的响应比是指作业响应时间与要求服务时间的比值,而响应时间为该作业的等待时间与服务时间之和。响应比公式定义如下:

$$响应比(RR) = \frac{等待时间(w) + 要求服务时间(s)}{要求服务时间(s)}$$

即

$$RR = \frac{w+s}{s}$$

因此，响应比一定是大于等于 1 的。

该算法具有以下优点：

(1) 如果作业(或进程)的等待时间相同，则要求服务时间最短的作业(或进程)的优先权最高，因此它有利于短作业(或进程)，从而可降低作业(或进程)的平均周转时间，提高系统吞吐量。

(2) 如果作业(或进程)的要求服务时间相同，则其优先权将取决于作业到达(或进程进入就绪状态)的先后次序，因此体现了公平的原则。

(3) 如果作业(或进程)较长，它的优先权将随着等待时间的增长而提高，从而使长作业(或进程)避免长期得不到服务的"饥饿现象"。

【实验代码】

参考代码如下：

```c
// high_response.c
#include <stdio.h>
#include<stdlib.h>
#include<string.h>

#define WAIT "Wait"                    //就绪状态
#define RUN "Run"                      //运行状态
#define FINISH "Finish"                //完成状态
#define JOBNUMBER 5                    //设置进程测试数为 5

typedef struct JCB
{
    char jobName[10];                  //作业名
    int arriveTime;                    //到达时间
    int runTime;                       //运行时间
    int startTime;                     //开始时间
    int endTime;                       //结束时间
    int turnoverTime;                  //周转时间
    float useWeightTurnoverTime;       //带权周转时间
    char processStatus[10];            //进程状态
}JCB;

static int currentTime = 0;            //当前时间
static int finishNumber = 0;           //进程完成数量
char JobArray[JOBNUMBER][10];          //存放数组名信息的二元数组
```

```
float priority[JOBNUMBER];                          //存放进程优先级的一元数组

void createJCB(struct JCB* jcb) {
    printf("依次输入三个参数数据：\n");
    printf("作业号 到达时间 需要运行时间\n");
    int i = 0;
    for(; i<5; i++){
        scanf("%s", &jcb[i].jobName);               //作业名
        scanf("%d", &jcb[i].arriveTime);            //到达时间
        scanf("%d", &jcb[i].runTime);               //需要运行时间
        jcb[i].startTime = 0;
        jcb[i].endTime = 0;
        jcb[i].turnoverTime = 0;
        jcb[i].useWeightTurnoverTime = 0.0;
        strcpy(jcb[i].processStatus, WAIT);
    }
    printf("-------------------------------------------\n");
}


void printJob(struct JCB* jcb){
    int i;
    printf("当前时间为%d\n", currentTime);
    printf("作业号 到达时间 需要运行时间 开始时间 完成时间 周转时间 带权周转时间 进程
状态\n");
    for(i = 0; i < JOBNUMBER; i++){
        if(strcmp(jcb[i].processStatus, FINISH) == 0)       //如果进程为 finish 状态，则这样输出
            printf("%s\t%d\t%4d\t\t%d\t%d\t%d\t%.2f\t%s\n", jcb[i].jobName, jcb[i].arriveTime,
                jcb[i].runTime, jcb[i].startTime, jcb[i].endTime, jcb[i].turnoverTime,
                jcb[i].useWeightTurnoverTime, jcb[i].processStatus);
        else if(strcmp(jcb[i].processStatus, RUN) == 0)     //如果进程为 run 状态，则这样输出
            printf("%s\t%d\t%4d\t\t%d\t 运行中\tnone\t none%s\n", jcb[i]. jobName,
                jcb[i].arriveTime, jcb[i]. runTime, jcb[i]. startTime, jcb[i]. processStatus);
        else                                        //如果进程为 wait 状态，则这样输出
            printf("%s\t%d\t%4d\t\t 未运行\tnone\tnone\tnone%s\n", jcb[i].jobName, jcb[i].arriveTime,
                jcb[i].runTime, jcb[i].processStatus);
    }
    printf("-------------------------------------------\n");
}
```

```
//计算平均带权周转时间
float weightTurnoverTimeCount(struct JCB* jcb){
    float sum = 0.0;
    int i;
    for(i = 0; i < JOBNUMBER; i++)
        sum += jcb[i].useWeightTurnoverTime;
        return sum / JOBNUMBER;
}


//计算平均周转时间
float turnOverTimeCount(struct JCB* jcb){
    float sum = 0.0;
    int i;
    for(i = 0; i < JOBNUMBER; i++)
        sum += jcb[i].turnoverTime;
        return sum / JOBNUMBER;
}
//比较各个进程之间的到达时间，按升序排列
void compare(struct JCB* jcb){
    int i, j;
    for(i = 0; i < JOBNUMBER; i++){
        int min = jcb[i].arriveTime, minIndex = i;
        for(j = i + 1; j < JOBNUMBER; j++){
            if(jcb[j].arriveTime < min){
                min = jcb[j].arriveTime;
                minIndex = j;
            }
        }
        struct JCB temp = jcb[i];
        jcb[i] = jcb[minIndex];
        jcb[minIndex] = temp;
    }
}


//打印进程调度顺序、平均周转时间及平均带权周转时间
void printInfo(struct JCB* jcb){
    printf("1、进程调度顺序为：%s -> %s -> %s -> %s -> %s\n", JobArray[0], JobArray[1],
           JobArray[2], JobArray[3], JobArray[4]);
    printf("2、平均周转时间为：%.2f\n", turnOverTimeCount(jcb));
```

```
        printf("3、平均带权周转时间为：%.2f\n", weightTurnoverTimeCount(jcb));
}


//循环遍历
void loop(struct JCB* jcb, int i){
    jcb[i].startTime = currentTime;
    jcb[i].endTime = jcb[i].startTime + jcb[i].runTime;
    jcb[i].turnoverTime = jcb[i].endTime - jcb[i].arriveTime;
    jcb[i].useWeightTurnoverTime = jcb[i].turnoverTime * 1.0 / jcb[i].runTime;
    strcpy(jcb[i].processStatus, RUN);
    while(1){
        if(currentTime == jcb[i].endTime){
            strcpy(jcb[i].processStatus, FINISH);
            finishNumber++;
            if(finishNumber == JOBNUMBER)
                printJob(jcb);
            currentTime--;
            break;
        }
        else{
            printJob(jcb);
            currentTime++;
        }
    }
}
//高响应比优先调度算法
void highestResponseRatioNext(struct JCB* jcb){
    createJCB(jcb);
    compare(jcb);
    int i = 0, j = 0;
    for(; finishNumber != JOBNUMBER; currentTime++){
        float maxPriority = 0.0;
        int indexPriority = 0;
        if(currentTime < jcb[0].arriveTime)      //当前时间小于第一个节点到来时间时，直接打印
            printJob(jcb);
        else{
            for(i = 0; i < JOBNUMBER; i++){
                if(strcmp(jcb[i].processStatus, FINISH) != 0){
                    int waitTime = currentTime - jcb[i].arriveTime;
```

```
            priority[i] = (waitTime + jcb[i].runTime) * 1.0 / jcb[i].runTime;
            if(priority[i] > maxPriority){
                maxPriority = priority[i];
                indexPriority = i;
            }
        }
    }
    strcpy(JobArray[j++], jcb[indexPriority].jobName);
    loop(jcb, indexPriority);
    }
}
printInfo(jcb);              //打印进程调度顺序、平均周转时间及平均带权周转时间
currentTime = 0;            //当前时间置位
finishNumber = 0;          //完成进程数量置位
}


int main() {
    struct JCB jcb[JOBNUMBER];
    highestResponseRatioNext(jcb);
    return 0;
}
```

测试结果如下：

[zhaocheng@localhost myTest]$ gcc -o high_response high_response.c
[zhaocheng@localhost myTest]$ ./high_response
依次输入三个参数数据：
作业号 到达时间 需要运行时间
Job1 5 2 Job2 2 5 Job3 2 4 Job4 3 7 Job5 1 2

当前时间为 0

作业号	到达时间	需要运行时间	开始时间	完成时间	周转时间	带权周转时间	进程状态
Job5	1	2	未运行	none	none	none	Wait
Job2	2	5	未运行	none	none	none	Wait
Job3	2	4	未运行	none	none	none	Wait
Job4	3	7	未运行	none	none	none	Wait
Job1	5	2	未运行	none	none	none	Wait

当前时间为 1

作业号	到达时间	需要运行时间	开始时间	完成时间	周转时间	带权周转时间	进程状态
Job5	1	2	1	运行中	none	none	Run

Job2	2	5	未运行	none	none	none	Wait
Job3	2	4	未运行	none	none	none	Wait
Job4	3	7	未运行	none	none	none	Wait
Job1	5	2	未运行	none	none	none	Wait

当前时间为2

作业号	到达时间	需要运行时间	开始时间	完成时间	周转时间	带权周转时间	进程状态
Job5	1	2	1	运行中	none	none	Run
Job2	2	5	未运行	none	none	none	Wait
Job3	2	4	未运行	none	none	none	Wait
Job4	3	7	未运行	none	none	none	Wait
Job1	5	2	未运行	none	none	none	Wait

当前时间为3

作业号	到达时间	需要运行时间	开始时间	完成时间	周转时间	带权周转时间	进程状态
Job5	1	2	1	3	2	1.00	Finish
Job2	2	5	未运行	none	none	none	Wait
Job3	2	4	3	运行中	none	none	Run
Job4	3	7	未运行	none	none	none	Wait
Job1	5	2	未运行	none	none	none	Wait

当前时间为4

作业号	到达时间	需要运行时间	开始时间	完成时间	周转时间	带权周转时间	进程状态
Job5	1	2	1	3	2	1.00	Finish
Job2	2	5	未运行	none	none	none	Wait
Job3	2	4	3	运行中	none	none	Run
Job4	3	7	未运行	none	none	none	Wait
Job1	5	2	未运行	none	none	none	Wait

当前时间为5

作业号	到达时间	需要运行时间	开始时间	完成时间	周转时间	带权周转时间	进程状态
Job5	1	2	1	3	2	1.00	Finish
Job2	2	5	未运行	none	none	none	Wait
Job3	2	4	3	运行中	none	none	Run
Job4	3	7	未运行	none	none	none	Wait
Job1	5	2	未运行	none	none	none	Wait

当前时间为6

作业号　到达时间　需要运行时间　开始时间　完成时间　周转时间　带权周转时间　进程状态

作业号	到达时间	需要运行时间	开始时间	完成时间	周转时间	带权周转时间	进程状态
Job5	1	2	1	3	2	1.00	Finish
Job2	2	5	未运行	none	none	none	Wait
Job3	2	4	3	运行中	none	none	Run
Job4	3	7	未运行	none	none	none	Wait
Job1	5	2	未运行	none	none	none	Wait

当前时间为 7

作业号	到达时间	需要运行时间	开始时间	完成时间	周转时间	带权周转时间	进程状态
Job5	1	2	1	3	2	1.00	Finish
Job2	2	5	7	运行中	none	none	Run
Job3	2	4	3	7	5	1.25	Finish
Job4	3	7	未运行	none	none	none	Wait
Job1	5	2	未运行	none	none	none	Wait

当前时间为 8

作业号	到达时间	需要运行时间	开始时间	完成时间	周转时间	带权周转时间	进程状态
Job5	1	2	1	3	2	1.00	Finish
Job2	2	5	7	运行中	none	none	Run
Job3	2	4	3	7	5	1.25	Finish
Job4	3	7	未运行	none	none	none	Wait
Job1	5	2	未运行	none	none	none	Wait

当前时间为 9

作业号	到达时间	需要运行时间	开始时间	完成时间	周转时间	带权周转时间	进程状态
Job5	1	2	1	3	2	1.00	Finish
Job2	2	5	7	运行中	none	none	Run
Job3	2	4	3	7	5	1.25	Finish
Job4	3	7	未运行	none	none	none	Wait
Job1	5	2	未运行	none	none	none	Wait

当前时间为 10

作业号	到达时间	需要运行时间	开始时间	完成时间	周转时间	带权周转时间	进程状态
Job5	1	2	1	3	2	1.00	Finish
Job2	2	5	7	运行中	none	none	Run
Job3	2	4	3	7	5	1.25	Finish
Job4	3	7	未运行	none	none	none	Wait
Job1	5	2	未运行	none	none	none	Wait

当前时间为 11

作业号	到达时间	需要运行时间	开始时间	完成时间	周转时间	带权周转时间	进程状态
Job5	1	2	1	3	2	1.00	Finish
Job2	2	5	7	运行中	none	none	Run
Job3	2	4	3	7	5	1.25	Finish
Job4	3	7	未运行	none	none	none	Wait
Job1	5	2	未运行	none	none	none	Wait

当前时间为 12

作业号	到达时间	需要运行时间	开始时间	完成时间	周转时间	带权周转时间	进程状态
Job5	1	2	1	3	2	1.00	Finish
Job2	2	5	7	12	10	2.00	Finish
Job3	2	4	3	7	5	1.25	Finish
Job4	3	7	未运行	none	none	none	Wait
Job1	5	2	12	运行中	none	none	Run

当前时间为 13

作业号	到达时间	需要运行时间	开始时间	完成时间	周转时间	带权周转时间	进程状态
Job5	1	2	1	3	2	1.00	Finish
Job2	2	5	7	12	10	2.00	Finish
Job3	2	4	3	7	5	1.25	Finish
Job4	3	7	未运行	none	none	none	Wait
Job1	5	2	12	运行中	none	none	Run

当前时间为 14

作业号	到达时间	需要运行时间	开始时间	完成时间	周转时间	带权周转时间	进程状态
Job5	1	2	1	3	2	1.00	Finish
Job2	2	5	7	12	10	2.00	Finish
Job3	2	4	3	7	5	1.25	Finish
Job4	3	7	14	运行中	none	none	Run
Job1	5	2	12	14	9	4.50	Finish

当前时间为 15

作业号	到达时间	需要运行时间	开始时间	完成时间	周转时间	带权周转时间	进程状态
Job5	1	2	1	3	2	1.00	Finish
Job2	2	5	7	12	10	2.00	Finish
Job3	2	4	3	7	5	1.25	Finish
Job4	3	7	14	运行中	none	none	Run
Job1	5	2	12	14	9	4.50	Finish

当前时间为 16

作业号	到达时间	需要运行时间	开始时间	完成时间	周转时间	带权周转时间	进程状态
Job5	1	2	1	3	2	1.00	Finish
Job2	2	5	7	12	10	2.00	Finish
Job3	2	4	3	7	5	1.25	Finish
Job4	3	7	14	运行中	none	none	Run
Job1	5	2	12	14	9	4.50	Finish

当前时间为 17

作业号	到达时间	需要运行时间	开始时间	完成时间	周转时间	带权周转时间	进程状态
Job5	1	2	1	3	2	1.00	Finish
Job2	2	5	7	12	10	2.00	Finish
Job3	2	4	3	7	5	1.25	Finish
Job4	3	7	14	运行中	none	none	Run
Job1	5	2	12	14	9	4.50	Finish

当前时间为 18

作业号	到达时间	需要运行时间	开始时间	完成时间	周转时间	带权周转时间	进程状态
Job5	1	2	1	3	2	1.00	Finish
Job2	2	5	7	12	10	2.00	Finish
Job3	2	4	3	7	5	1.25	Finish
Job4	3	7	14	运行中	none	none	Run
Job1	5	2	12	14	9	4.50	Finish

当前时间为 19

作业号	到达时间	需要运行时间	开始时间	完成时间	周转时间	带权周转时间	进程状态
Job5	1	2	1	3	2	1.00	Finish
Job2	2	5	7	12	10	2.00	Finish
Job3	2	4	3	7	5	1.25	Finish
Job4	3	7	14	运行中	none	none	Run
Job1	5	2	12	14	9	4.50	Finish

当前时间为 20

作业号	到达时间	需要运行时间	开始时间	完成时间	周转时间	带权周转时间	进程状态
Job5	1	2	1	3	2	1.00	Finish
Job2	2	5	7	12	10	2.00	Finish
Job3	2	4	3	7	5	1.25	Finish
Job4	3	7	14	运行中	none	none	Run
Job1	5	2	12	14	9	4.50	Finish

```
------------------------------------------------
当前时间为21

作业号  到达时间  需要运行时间  开始时间  完成时间  周转时间  带权周转时间  进程状态

Job5    1        2            1        3        2        1.00          Finish

Job2    2        5            7        12       10       2.00          Finish

Job3    2        4            3        7        5        1.25          Finish

Job4    3        7            14       21       18       2.57          Finish

Job1    5        2            12       14       9        4.50          Finish

------------------------------------------------

1．进程调度顺序为：Job5 -> Job3 -> Job2 -> Job1 -> Job4

2．平均周转时间为：8.80

3．平均带权周转时间为：2.26

[zhaocheng@localhost myTest]$
```

【思考练习】

设计 C 程序，输入进程的名称、服务时间、优先数，选择优先数大的进程执行，进程每运行一次则优先数减 2，同时运行时间加 1，就绪队列中的进程每等待一个时间片则优先数加 2。若运行时间等于服务时间，则进程变为结束状态，否则插入就绪队列。若就绪队列不为空，则重复选择进程执行，直到所有进程都成为结束状态。每个进程的进程控制块 PCB 可用结构体描述，包括以下字段：

(1) 进程名称。

(2) 进程优先数。规定优先数越大的进程，其优先权越高。

(3) 服务时间。

(4) 运行时间。当运行时间与服务时间相等时，进程运行完毕。

(5) 进程状态。

(6) 队列指针，它用来将 PCB 排成队列。

说明：每个进程控制块 PCB 包含进程名称、服务时间、运行时间、优先数和状态。由于是模拟调度，所以对被选中执行的进程实际上是完成优先数减 2，运行时间加 1 来模拟进程的一次运行。

6.2　银行家算法

【实验目的】

(1) 理解银行家算法，掌握查找进程安全序列的过程；

(2) 深入理解资源共享、分配、回收原理。

【实验内容】

在银行业务中，客户申请贷款的数量是有限的，每个客户在第一次申请贷款时要声明完成该项目所需的最大资金量，在满足所有贷款要求时，客户应及时归还。银行家在客户申请的贷款数量不超过自己拥有的最大值时，都应尽量满足客户的需要。在这样的描述中，银行家就好比操作系统，资金就是资源，客户就相当于要申请资源的进程。

假定系统中有 5 个进程(P0～P4)，3 类资源(A～C)，资源分配情况如表 6.2 所示。参考表 6.2 给出的数据，编写 C 程序，实现银行家算法，即通过查找安全序列，判断系统状态是否安全；当进程提出资源请求时，试着分配资源，再判断系统安全性，若安全则分配，否则不能分配资源。

表 6.2　资源分配情况

进程	Max			Allocation			Need			Available		
	A	B	C	A	B	C	A	B	C	A	B	C
P0	7	5	3	0	1	0	7	4	3			
P1	3	2	2	2	0	0	1	2	2			
P2	9	0	2	3	0	2	6	0	0	3	3	2
P3	2	2	2	2	1	1	0	1	1			
P4	4	3	3	0	0	2	4	3	1			

【实验原理】

用户向银行家贷款，为保证资金的安全，银行家规定：

(1) 当一个顾客对资金的最大需求量不超过银行家现有的资金时就可接纳该顾客；

(2) 顾客可以分期贷款，但贷款的总数不能超过最大需求量；

(3) 当银行家现有的资金不能满足顾客尚需的贷款数额时，对顾客的贷款可推迟支付，但总能使顾客在有限的时间里得到贷款；

(4) 当顾客得到所需的全部资金后，一定能在有限的时间里归还所有的资金。

操作系统按照银行家制定的规则为进程分配资源。当进程首次申请资源时，要测试该进程对资源的最大需求量，如果系统现存的资源可以满足它的最大需求量，则按当前的申请量分配资源，否则就推迟分配。当进程在执行中继续申请资源时，先测试该进程本次申请的资源数是否超过了该资源所剩余的总量，若超过则拒绝分配资源，若能满足则按当前的申请量分配资源，否则也要推迟分配。

要实现银行家算法，必须先引入操作系统安全状态和不安全状态。

安全状态是指一个进程序列{P1，P2，…，Pn}是安全的，即对于每一个进程 Pi(1≤i≤n)，它以后需要的资源量不超过系统当前剩余资源量与所有进程 Pj(j < i)当前占有资源量之和。

如果存在一个由系统中所有进程构成的安全序列 P1，P2，…，Pn，则系统处于安全状态，安全状态一定是没有死锁发生。反之，不存在一个安全序列，则系统处于不安全状态，不安全状态不一定导致死锁。

银行家算法是一种最有代表性的避免死锁的算法。在避免死锁方法中允许进程动态地申请资源，但系统在进行资源分配之前，应先计算此次分配资源的安全性，若分配不会导致系统进入不安全状态，则分配，否则等待。为实现银行家算法，系统必须设置若干数据结构。

(1) 可利用资源向量 Available：这是个含有 m 个元素的数组，其中的每一个元素代表一类可利用的资源数目。如果 Available[j]=K，则表示系统中现有 Rj 类资源的数目为 K 个。

(2) 最大需求矩阵 Max：这是一个 n×m 的矩阵，它定义了系统中 n 个进程中的每一个进程对 m 类资源的最大需求。如果 Max[i,j]=K，则表示进程 i 需要 Rj 类资源的最大数目为 K 个。

(3) 分配矩阵 Allocation：这也是一个 n×m 的矩阵，它定义了系统中每一类资源当前已分配给每一进程的资源数。如果 Allocation[i,j]=K，则表示进程 i 当前已分得 Rj 类资源的数目为 K 个。

(4) 需求矩阵 Need：这也是一个 n×m 的矩阵，用以表示每一个进程尚需的各类资源数。如果 Need[i,j]=K，则表示进程 i 还需要 Rj 类资源 K 个，方能完成其任务。

需求矩阵 Need 与最大需求矩阵 Max 以及分配矩阵 Allocation 的关系如下：Need[i,j]=Max[i,j]-Allocation[i,j]。

【实验代码】

参考代码如下：

```c
//safe_check.c 源程序
#include <stdio.h>
#include <string.h>
typedef int bool;
#define false 0
#define true !false
#define PN 5
typedef struct{
    int A;
    int B;
    int C;
}RESOURCE;

bool request(int process,RESOURCE *res);
bool safeCheck();

RESOURCE Max[PN]={{7, 5, 3}, {3, 2, 2}, {9, 0, 2}, {2, 2, 2}, {4, 3, 3}};
RESOURCE Allocation[PN]={{0, 1, 0}, {2, 0, 0}, {3, 0, 2}, {2, 1, 1}, {0, 0, 2}};
RESOURCE Need[PN]={{7, 4, 3}, {1, 2, 2}, {6, 0, 0}, {0, 1, 1}, {4, 3, 1}};
RESOURCE Available={3, 3, 2};
int safe[PN];

void probeAlloc(int process, RESOURCE *res){          //试探分配
    Available.A-=res->A;
```

```
        Available.B-=res->B;
        Available.C-=res->C;
        Allocation[process].A+=res->A;
        Allocation[process].B+=res->B;
        Allocation[process].C+=res->C;
        Need[process].A-=res->A;
        Need[process].B-=res->B;
        Need[process].C-=res->C;
        if(Need[process].A==0 && Need[process].B==0 && Need[process].C==0) {
            printf("分配成功。\n");
            printf("P%d 获得全部资源，运行结束后，释放全部资源。\n", process);
            printf("更新资源分配表。\n");
            Available.A+=Allocation[process].A;
            Available.B+=Allocation[process].B;
            Available.C+=Allocation[process].C;
        }
    }

void rollBack(int process, RESOURCE *res){        //若试探分配后进入不安全状态，将分配回滚
        Available.A+=res->A;
        Available.B+=res->B;
        Available.C+=res->C;
        Allocation[process].A-=res->A;
        Allocation[process].B-=res->B;
        Allocation[process].C-=res->C;
        Need[process].A+=res->A;
        Need[process].B+=res->B;
        Need[process].C+=res->C;
    }

bool safeCheck(){                                 //安全性检查
        RESOURCE Work=Available;
        bool Finish[PN]={false, false, false, false, false};
        int i;
        int j=0;
        for(i=0; i<PN; i++){
            if(Need[i].A==0 && Need[i].B==0 && Need[i].C==0){
                Finish[i]=true;
            }
```

```
    else{
        if(Finish[i]==false){                                    //是否已检查过
            if(Need[i].A<=Work.A && Need[i].B<=Work.B && Need[i].C<=Work.C){
                Work.A+=Allocation[i].A;
                Work.B+=Allocation[i].B;
                Work.C+=Allocation[i].C;
                Finish[i]=true;
                safe[j++]=i;
                i=-1;                                            //重新进行遍历
            }
        }
    }
}
for(i=j;i<PN;i++){
    safe[i]=-1;
}
for(i=0;i<PN;i++){                    //如果所有进程的 Finish 向量都为 true，则处于安全状态
    if(Finish[i]==false){
        return false;
    }
}
return true;
}


bool request(int process,RESOURCE *res){                    //资源分配请求
    if(res->A <= Need[process].A && res->B <= Need[process].B && res->C <= Need[process].C){
        if(res->A <= Available.A && res->B <= Available.B && res->C <= Available.C){
            probeAlloc(process,res);                         //试探分配
            if(safeCheck()){
                return true;
            }
            else{
                printf("安全性检查失败。系统将进入不安全状态，有可能引起死锁。\n");
                printf("正在回滚...\n");
                rollBack(process,res);
            }
        }
        else{                                                //请求向量大于可利用资源向量
            printf("请求分配失败。请求向量大于可利用资源向量。\n");
```

```
        }
    }
    else{                                          //请求向量大于需求向量
        printf("请求分配失败。请求向量大于需求向量。\n");
    }
    return false;
}


void printTable(){
    int i;
    printf("*********************资源分配表*********************\n");
    printf("\t\t Max\tAlloc\tNeed\tAvail\n");
    printf("\t\tA B C\tA B C\tA B C\tA B C\n");
    for(i=0; i<PN; i++){
        if(Need[i].A==0 && Need[i].B==0 && Need[i].C==0){
            printf("\t%d\t 已经完成\n",i);
        }
        else{
            printf("\t%d\t%d %d %d\t%d %d %d\t%d %d %d\t%d %d %d\n", I, Max[i].AMax[i].B,
                Max[i].C, All ocation[i]. A, Allocation[i].B, Allocation[i].C, Need[i].A, Need[i].B,
                Need[i].C, Available.A, Available.B, Avail    able.C);
        }
    }
    printf("\n");
}


int main(){
    int ch;
    printf("先检查初始状态是否安全。\n");
    if(safeCheck()){
        printf("系统处于安全状态。\n");
        printf("安全序列是{P%d, P%d, P%d, P%d, P%d}\n", safe[0], safe[1], safe[2], safe[3], safe[4]);
    }
    else{
        printf("系统处于不安全状态。程序将退出...\n");
        printf("执行完毕。");
        return 0;
    }
    do{
```

```
        int process;
        int i;
        RESOURCE res;
        printTable();
        printf("请依次输入请求分配的进程和对三类资源的请求数量：");
        scanf("%d%d%d%d", &process, &res.A, &res.B, &res.C);
        printf("process=%d, res=(%d, %d, %d)\n", process, res.A, res.B, res.C);
        if(request(process, &res)){
            printf("新的安全序列是{   ");
            for(i=0; i<PN; i++){
                if(safe[i]!=-1){
                    printf("P%d   ", safe[i]);
                }
            }
            printf("}\n");
        }
        else{
            printf("分配失败。\n");
        }
        printf("是否继续分配？(Y/N):\n");
        ch=getchar();                               //取走 Enter 字符
        ch=getchar();                               //输入一个字符
    }while(ch=='Y'||ch=='y');
}
```

测试结果如下：

```
[root@localhost banktest]# gcc safe_check.c
[root@localhost banktest]# ./a.out
先检查初始状态是否安全。
系统处于安全状态。
安全序列是{P1, P3, P0, P2, P4}
*********************资源分配表*********************
        Max  Alloc Need Avail
        A B C    A B C    A B C    A B C
0       7 5 3    0 1 0    7 4 3    3 3 2
1       3 2 2    2 0 0    1 2 2    3 3 2
2       9 0 2    3 0 2    6 0 0    3 3 2
3       2 2 2    2 1 1    0 1 1    3 3 2
4       4 3 3    0 0 2    4 3 1    3 3 2
```

请依次输入请求分配的进程和对三类资源的请求数量：4 3 3 0

process=4, res=(3, 3, 0)

安全性检查失败。系统将进入不安全状态，有可能引起死锁。

正在回滚...

分配失败。

是否继续分配？(Y/N)：

Y

*********************资源分配表***********************

	Max A B C	Alloc A B C	Need A B C	Avail A B C
0	7 5 3	0 1 0	7 4 3	3 3 2
1	3 2 2	2 0 0	1 2 2	3 3 2
2	9 0 2	3 0 2	6 0 0	3 3 2
3	2 2 2	2 1 1	0 1 1	3 3 2
4	4 3 3	0 0 2	4 3 1	3 3 2

请依次输入请求分配的进程和对三类资源的请求数量：1 1 0 2

process=1, res=(1, 0, 2)

新的安全序列是｛　P1　P3　P0　P2　P4　｝

是否继续分配？(Y/N)：

Y

*********************资源分配表***********************

	Max Alloc Need Avail A B C	A B C	A B C	A B C
0	7 5 3	0 1 0	7 4 3	2 3 0
1	3 2 2	3 0 2	0 2 0	2 3 0
2	9 0 2	3 0 2	6 0 0	2 3 0
3	2 2 2	2 1 1	0 1 1	2 3 0
4	4 3 3	0 0 2	4 3 1	2 3 0

请依次输入请求分配的进程和对三类资源的请求数量：1 0 2 0

process=1,res=(0,2,0)

分配成功。

P1 获得全部资源，运行结束后，释放全部资源。

更新资源分配表。

新的安全序列是｛　P3　P0　P2　P4　｝

是否继续分配？(Y/N)：

Y

```
***********************资源分配表***********************
      MaxAlloc Need Avail
      A B C    A B C    A B C    A B C
0     7 5 3    0 1 0    7 4 3    5 3 2
1     已经完成
2     9 0 2    3 0 2    6 0 0    5 3 2
3     2 2 2    2 1 1    0 1 1    5 3 2
4     4 3 3    0 0 2    4 3 1    5 3 2
```

请依次输入请求分配的进程和对三类资源的请求数量：3 0 1 1

process=3, res=(0, 1, 1)

分配成功。

P3 获得全部资源，运行结束后，释放全部资源。

更新资源分配表。

新的安全序列是{ P0 P2 P4 }

是否继续分配？(Y/N)：

Y

```
***********************资源分配表***********************
      Max       Alloc    Need     Avail
      A B C     A B C    A B C    A B C
0     7 5 3     0 1 0    7 4 3    7 4 3
1     已经完成
2     9 0 2     3 0 2    6 0 0    7 4 3
3     已经完成
4     4 3 3     0 0 2    4 3 1    7 4 3
```

请依次输入请求分配的进程和对三类资源的请求数量：0 7 4 3

process=0, res=(7, 4, 3)

分配成功。

P0 获得全部资源，运行结束后，释放全部资源。

更新资源分配表。

新的安全序列是{ P2 P4 }

是否继续分配？(Y/N)：

Y

```
***********************资源分配表***********************
      MaxAlloc Need Avail
      A B C    A B C    A B C    A B C
0     已经完成
1     已经完成
```

```
2   9 0 2      3 0 2      6 0 0      7 5 3
3   已经完成
4   4 3 3      0 0 2      4 3 1      7 5 3
```

请依次输入请求分配的进程和对三类资源的请求数量: 2 6 0 0

process=2, res=(6, 0, 0)

分配成功。

P2 获得全部资源,运行结束后,释放全部资源。

更新资源分配表。

新的安全序列是{ P4 }

是否继续分配? (Y/N):

Y

**********************资源分配表************************

```
      Max Alloc Need Avail
      A B C    A B C    A B C    A B C
0   已经完成
1   已经完成
2   已经完成
3   已经完成
4   4 3 3      0 0 2      4 3 1      10 5 5
```

请依次输入请求分配的进程和对三类资源的请求数量: 4 4 3 1

process=4, res=(4, 3, 1)

分配成功。

P4 获得全部资源,运行结束后,释放全部资源。

更新资源分配表。

新的安全序列是{   }

是否继续分配? (Y/N):

N

[root@localhost banktest]#

【思考练习】

哲学家进餐问题:假设有 5 位哲学家围坐在一张圆形餐桌旁吃饭或者思考。吃东西的时候,他们就停止思考,思考的时候也停止吃东西。

餐桌中间有一大碗米饭,每两个哲学家之间有一支筷子。因为用一支筷子很难吃到米饭,所以假设哲学家必须用两支筷子吃东西。他们只能使用自己左右手边的那两支筷子。

哲学家从来不交谈,这就很危险,可能产生死锁:每个哲学家都拿着左边的筷子,永远都在等右边的筷子(或者相反)。

避免哲学家进餐问题中的死锁,可以采取以下 3 种办法:

1. 同时能进餐的人数限定为 4

```
semaphore chopstick[5]={1,1,1,1,1};
semaphore limit=4;                          //同时能进餐的人数限定为 4
philosophy(){
    while(1){
        Think;
        wait(limit);
        wait(choptick[i]);
        wait(choptick[(i+1)%5]);
        signal(limit);
        Eat;
        signal(choptick[i]);
        signal(choptick[(i+1)%5]);
    }
}
void main(){
    cobegin
    philosophy();...;philosophy();
    coend
}
```

2. 进餐时奇偶有别

```
semaphore chopstick[5]={1,1,1,1,1};
philosophy_jishu(){                          //i 为奇数,即奇数号哲学家
    while(1){
        Think;
        wait(choptick[i]);
        wait(choptick[(i+1)%5]);
        Eat;
        signal(choptick[i]);
        signal(choptick[(i+1)%5]);
    }
}


philosophy_oushu(){                          //i 为偶数,即偶数号哲学家
    while(1){
        Think;
        wait(chopstick[(i+1)%5]);
        wait(chopstick[i]);
```

```
        Eat;
        signal(chopstick[(i+1)%5]);
        signal(chopstick[i]);
      }
  }
  void main(){
    cobegin
    philosophy_jishu();...;philosophy_oushu();
    coend
  }
```

3. 进餐时双筷并举

```
    semaphore chopstick[5]={1,1,1,1,1};
    philosophy(){
      while(1){                              //AND 型信号量实现双筷的原子性
        Think;
        Swait(choptick[i],choptick[(i+1)%5]);
        Eat;
        Ssignal(choptick[i],choptick[(i+1)%5]);
      }
    }
    void main(){
      cobegin
      philosophy();...;philosophy();
      coend
    }
```

　　根据以上描述，试着实现一个不会产生死锁的哲学家进餐问题求解代码，并测试其结果。

第 7 章　存储管理实验

7.1　内存动态分区分配

【实验目的】

(1) 了解动态分区分配方式使用的数据结构和分配算法；

(2) 进一步加深对动态分区存储管理方式及其实现过程的理解。

【实验内容】

实现首次适应算法和最佳适应算法的内存动态分区分配过程。

假设初始状态下，可用的内存空间为 600 KB，现有如表 7.1 所示的请求序列。

表 7.1　内存分配与回收的过程

动　作	首次适应算法		最佳适应算法	
	已分配分区 (作业，起始，大小)	空闲分区 (起始，大小)	已分配分区 (作业，起始，大小)	空闲分区 (起始，大小)
作业1申请130 KB	1，0，130	130，470	1，0，130	130，470
作业2申请60 KB	1，0，130 2，130，60	190，410	1，0，130 2，130，60	190，410
作业3申请100 KB	1，0，130 2，130，60 3，190，100	290，310	1，0，130 2，130，60 3，190，100	290，310
作业2释放60 KB	1，0，130 3，190，100	130，60 290，310	1，0，130 3，190，100	130，60 290，310
作业4申请200 KB	1，0，130 3，190，100 4，290，200	130，60 490，110	1，0，130 3，190，100 4，290，200	130，60 490，110
作业3释放100 KB	1，0，130 4，290，200	130，160 490，110	1，0，130 4，290，200	490，110 130，160
作业1释放130 KB	4，290，200	0，290 490，110	4，290，200	490，110 0，290
作业5申请140 KB	4，290，200 5，0，140	140，150 490，110	4，290，200 5，0，140	490，110 140，150

续表

动　作	首次适应算法		最佳适应算法	
	已分配分区 (作业，起始，大小)	空闲分区 (起始，大小)	已分配分区 (作业，起始，大小)	空闲分区 (起始，大小)
作业 6 申请 60 KB	4，290，200 5，0，140 6，140，60	200，90 490，110	4，290，200 5，0，140 6，490，60	550，50 140，150
作业 7 申请 50 KB	4，290，200 5，0，140 6，140，60 7，200，50	250，40 490，110	4，290，200 5，0，140 6，490，60 7，550，50	140，150
作业 6 释放 60 KB	4，290，200 5，0，140 7，200，50	140，60 250，40 490，110	4，290，200 5，0，140 7，550，50	490，60 140，150

注：表 7.1 中起始(起始地址)和大小的数据单位均为 KB。

试用 C 语言编程，实现首次适应算法和最佳适应算法的内存块分配和回收，要求每次分配和回收后显示出空闲分区的情况。

【实验原理】

为了表示空闲存储区，需建立一张空闲区表(或链)，每个空闲区包括起始地址、长度、状态等信息。当有新作业要求装入内存时，按照作业的需要量，查空闲区表(或链)，从中找到第一个能满足要求的空闲区。若空闲区大于需要量时，一部分空闲区用来装入作业，另一部分仍为空闲区登记在空闲区表(或链)中。当一个作业执行结束时，作业所占内存区域应该归还，归还区域如果和其他空闲区相邻，则应合并成一个较大的空闲区，登记在空闲区表(或链)中。

首次适应算法将空闲区按起始地址递增的次序拉链，而最佳适应算法则将空闲区按分区大小递增的次序拉链。在分配时，它们都是先从链首开始顺序查找，直至找到一个足够大的空闲分区为止，然后按作业大小从该分区中划出一块内存空间分配给请求者，余下的分区(如果有的话)仍按上述原则留在空闲分区链中；而在释放时，则需分别按地址递增或大小递增的次序将空闲分区插入空闲分区链，并都需要进行空闲分区的合并。

首次适应算法倾向于优先利用内存中低址部分的空闲分区，从而保留了高址部分的大空闲区，这是为以后到达的大作业分配大的内存空间创造条件。其缺点是低址部分不断被划分，会留下许多难以利用的、很小的空闲分区，称为"外部碎片"；另外，其每次查找又都要从低址部分开始，这无疑又会增加查找可用空闲分区的开销。

最佳适应算法每次分配给作业的都是最合适该作业大小的分区。然而，每次分配后，其剩余的空间也一定是最小的，从而在存储器中留下许多难以利用的小空闲区，即"外部碎片"；另外，其每次分配后必须重新按空闲分区大小排序，这也带来了一定的重新排序开销。

【实验代码】

参考代码如下：

```c
//memory_dynamic_allocation.c 源程序
#include <stdio.h>
#include <stdlib.h>
#define MAX 600
typedef struct node{                        //设置分区描述表项
    int address;
    int size;
    struct node *next;
}RECT;
//函数原型
RECT * assignment(RECT *head, int application);
void acceptment1(RECT *head, RECT *back1);
void acceptment2(RECT *head, RECT *back1);
int backcheck(RECT *head, RECT *back1);
void print(RECT *head);
//变量声明
RECT *head, *back, *assign1, *p;
int application1, maxblocknum;
char way;
//main()函数
int main(){
    char choose[10];
    int check;
    head=malloc(sizeof(RECT));              //建立可利用区表的初始状态
    p=malloc(sizeof(RECT));
    head->size=MAX;
    head->address=0;
    head->next=p;
    maxblocknum=1;
    p->size=MAX;
    p->address=0;
    p->next=NULL;
    printf("初始空闲分区表为：\n");
    print(head);                            //输出可利用表初始状态
    printf("Enter the way of best or first(b/f)\n");  //选择适应算法
    scanf("%c", &way);
    fflush(stdin);
```

```
    do{
        printf("Enter the assign or accept(as/ac)\n");          //选择分配或回收
        fflush(stdin);
        scanf("%s", choose);
        if(strcmp(choose,"as")==0){                              //as 为分配
            printf("Input application:\n");
            scanf("%d", &application1);                          //输入申请空间大小
            assign1=assignment(head, application1);              //调用分配函数
            if(assign1->address==-1){                            //分配不成功
                printf("Too large application! assgin fails!!\n\n");
            }
            else{
                printf("Success!!\nADDRESS=%-5d, SIZE=%-5d\n", assign1->address,
                    assign1->size);                              //分配成功
            }
            printf("当前空闲分区表为：\n");
            print(head);                                         //输出
        }
        if(strcmp(choose,"ac")==0){                              //回收
            back=malloc(sizeof(RECT));
            printf("Input Address and Size!!\n");
            scanf("%d%d", &back->address, &back->size);          //输入回收地址和大小
            check=backcheck(head,back);                          //检查
            if(check==1){
                if(tolower(way)=='f'){                           //调用 tolower()库函数进行小写字符转换
                    acceptment1(head,back);                      //首先适应
                }
                else{
                    acceptment2(head, back);                     //最佳适应
                }
                print(head);
            }
        }
    }while(!strcmp(choose,"as")||!strcmp(choose,"ac"));
}
//分配函数
RECT *assignment(RECT *head, int application){
    RECT *after,*before,*assign;
    assign=malloc(sizeof(RECT));                                 //分配申请空间
```

```
assign->size=application;
assign->next=NULL;
if(application>head->size||application<=0){
    assign->address=-1;                    //申请无效
}
else{
    before=head;
    after=head->next;
    while(after->size<application){        //查找适应的结点
        before=before->next;
        after=after->next;
    }
    if(after->size==application){          //结点大小等于申请大小则完全分配
        if(after->size==head->size){
            maxblocknum--;
        }
        before->next=after->next;
        assign->address=after->address;
        free(after);
    }
    else {
        if(after->size==head->size){
            maxblocknum--;
        }
        after->size=after->size-application;           //大于申请空间则截取相应大小分配
        assign->address=after->address;                //分配到的地址
        after->address=after->address+application;
        if(tolower(way)=='b'){        //若是最佳适应，将截取后剩余结点重新回收到合适位置
            before->next=after->next;
            back=after;
            acceptment2(head, back);
        }
        if(tolower(way)=='f'){        //若是首次适应，将截取后剩余结点重新回收到合适位置
            before->next=after->next;
            back=after;
            acceptment1(head, back);
        }
    }
    if(maxblocknum==0){                                //修改最大数和头结点
```

```
        before=head;
        head->size=0;
        maxblocknum=1;
        while(before!=NULL){
            if(before->size>head->size){
                head->size=before->size;
                maxblocknum=1;
            }
            else if(before->size==head->size){
                maxblocknum++;
            }
            before=before->next;
        }
    }
}
    assign1=assign;
    return assign1;                                    //返回分配给用户的地址
}
//首先适应
void acceptment1(RECT *head,RECT *back1){
    RECT *before,*after;
    int insert;
    before=head;
    after=head->next;
    insert=0;
    while(!insert){                                    //将回收区插入空闲区表
        if((after==NULL)||(back1->address<=after->address && back1->address>=before->address)){
            before->next=back1;
            back1->next=after;
            insert=1;
        }
        else{
            before=before->next;
            after=after->next;
        }
    }
    if(back1->address==before->address+before->size){  //与上一块合并
        before->size=before->size+back1->size;
        before->next=back1->next;
```

```
        free(back1);
        back1=before;
    }
    if(after!=NULL && (after->address==back1->address+back1->size)){        //与下一块合并
        back1->size=back1->size+after->size;
        back1->next=after->next;
        free(after);
    }
    if(head->size<back1->size){                                    //修改最大块值和最大块个数
        head->size=back1->size;
        maxblocknum=1;
    }
    else if(head->size==back1->size){
        maxblocknum++;
    }
}
//最佳适应，back1 为回收结点的地址
void acceptment2(RECT *head,RECT *back1){
    RECT *before,*after;
    int insert;
    insert=0;
    before=head;
    after=head->next;
    if(head->next==NULL){                                          //若可利用区表为空
        head->size=back1->size;
        head->next=back1;
        maxblocknum++;
        back1->next=NULL;
    }
    else{
        while(after!=NULL){
            if(back1->address==after->size+after->address){        //与上一块合并
                before->next=after->next;
                back1->size=after->size+back1->size;
                back1->address=after->address;
                free(after);
                after==NULL;
            }
            else{
```

```
            after=after->next;
            before=before->next;
        }
    }
    before=head;
    after=head->next;
    while(after!=NULL){
        if(after->address==back1->size+back1->address){      //与下一块合并
            back1->size=back1->size+after->size;
            before->next=after->next;
            free(after);
            after=NULL;
        }
        else{
            before=before->next;
            after=after->next;
        }
    }
    before=head;                                              //将回收结点插入到合适位置
    after=head->next;
    do{
        if(after==NULL || (after->size>back1->size))
        {
            before->next=back1;
            back1->next=after;
            insert=1;
        }
        else{
            before=before->next;
            after=after->next;
        }
    }while(!insert);
    if(head->size<back1->size)
    {                                                         //修改最大块值和最大块数
        head->size=back1->size;
        maxblocknum=1;
    }
    else if(head->size==back1->size){
        maxblocknum++;
```

```
        }
    }
}
//print()函数
void print(RECT *head)
{
    RECT *before;
    int index;
    before=head->next;
    index=1;
    if(head->next==NULL)
    {
        printf("NO part for assignment!!\n");
    }
    else{
        printf("index****address**size*****\n");
        while(before!=NULL){
            printf("------------------------------------------------------------\n");
            printf("%-9d%-9d%-9d\n",index,before->address,before->size);
            printf("------------------------------------------------------------\n");
            index++;
            before=before->next;
        }
    }
}
//backcheck( )函数
int backcheck(RECT *head, RECT *back1){
    RECT *before;
    int check=1;
    if(back1->address<0 || back1->size<0)
    {
        check=0;                                    //地址和大小不能为负数
    }
    before=head->next;
    while(before!=NULL && check)
    {               //地址不能和空闲区表中结点出现重叠
        if((back1->address<before->address)&&(back1->address+back1->size>before->address)||
            (back1->address>=before->address) && (back1->address<before->address+before->size)){
            check=0;
```

```
        }
        else
        {
            before=before->next;
        }
    }
    if(check==0)
    {
        printf("Error input!!\n");
    }
    return check;
}
```

测试结果如下：

(1) 首次适应算法。

```
[root@localhost free_malloc]# gcc memory_dynamic_allocation.c
[root@localhost free_malloc]# ./a.out
初始空闲分区表为：
index****address**size*****
--------------------------------------------------------
1          0          600
--------------------------------------------------------
Enter the way of best or first(b/f)
f
Enter the assign or accept(as/ac)
as
Input application:
130
Success!!
ADDRESS=0        ,SIZE=130
当前空闲分区表为：
index****address**size*****
--------------------------------------------------------
1          130          470
--------------------------------------------------------
Enter the assign or accept(as/ac)
as
Input application:
60
Success!!
```

ADDRESS=130   ,SIZE=60

当前空闲分区表为:

index****address**size*****

----

1   190   410

Enter the assign or accept(as/ac)

as

Input application:

100

Success!!

ADDRESS=190   ,SIZE=100

当前空闲分区表为:

index****address**size*****

----

1   290   310

Enter the assign or accept(as/ac)

ac

Input Address and Size!!

130 60

index****address**size*****

----

1   130   60

----

2   290   310

Enter the assign or accept(as/ac)

as

Input application:

200

Success!!

ADDRESS=290   ,SIZE=200

当前空闲分区表为:

index****address**size*****

----

1   130   60

```
----------------------------------------------------------
2          490          110
----------------------------------------------------------
```

Enter the assign or accept(as/ac)

ac

Input Address and Size!!

190 100

index****address**size*****

```
----------------------------------------------------------
1          130          160
----------------------------------------------------------

----------------------------------------------------------
2          490          110
----------------------------------------------------------
```

Enter the assign or accept(as/ac)

ac

Input Address and Size!!

0 130

index****address**size*****

```
----------------------------------------------------------
1          0            290
----------------------------------------------------------

----------------------------------------------------------
2          490          110
----------------------------------------------------------
```

Enter the assign or accept(as/ac)

as

Input application:

140

Success!!

ADDRESS=0   ,SIZE=140

当前空闲分区表为：

index****address**size*****

```
----------------------------------------------------------
1          140          150
----------------------------------------------------------

----------------------------------------------------------
2          490          110
----------------------------------------------------------
```

Enter the assign or accept(as/ac)

as

Input application:

60

Success!!

ADDRESS=140　,SIZE=60

当前空闲分区表为：

index****address**size*****

1　　　　200　　　90

2　　　　490　　　110

Enter the assign or accept(as/ac)

as

Input application:

50

Success!!

ADDRESS=200　,SIZE=50

当前空闲分区表为：

index****address**size*****

1　　　　250　　　40

2　　　　490　　　110

Enter the assign or accept(as/ac)

ac

Input Address and Size!!

140 60

index****address**size*****

1　　　　140　　　60

2　　　　250　　　40

```
-----------------------------------------------------------
3          490          110
-----------------------------------------------------------
Enter the assign or accept(as/ac)
exit
[root@localhost free_malloc]#
```

(2) 最佳适应算法。

```
[root@localhost free_malloc]# ./a.out
初始空闲分区表为:
index****address**size*****
-----------------------------------------------------------
1          0            600
-----------------------------------------------------------
Enter the way of best or first(b/f)
b
Enter the assign or accept(as/ac)
as
Input application:
130
Success!!
ADDRESS=0       ,SIZE=130
当前空闲分区表为:
index****address**size*****
-----------------------------------------------------------
1          130          470
-----------------------------------------------------------
Enter the assign or accept(as/ac)
as
Input application:
60
Success!!
ADDRESS=130    ,SIZE=60
当前空闲分区表为:
index****address**size*****
-----------------------------------------------------------
1          190          410
-----------------------------------------------------------
Enter the assign or accept(as/ac)
as
```

Input application:

100

Success!!

ADDRESS=190　　,SIZE=100

当前空闲分区表为:

index****address**size*****

1　　　　　290　　　　310

Enter the assign or accept(as/ac)

ac

Input Address and Size!!

130 60

index****address**size*****

1　　　　　130　　　　60

2　　　　　290　　　　310

Enter the assign or accept(as/ac)

as

Input application:

200

Success!!

ADDRESS=290　　,SIZE=200

当前空闲分区表为:

index****address**size*****

1　　　　　130　　　　60

2　　　　　490　　　　110

Enter the assign or accept(as/ac)

ac

Input Address and Size!!

190 100

index****address**size*****

```
------------------------------------------------
1          490          110
------------------------------------------------

------------------------------------------------
2          130          160
------------------------------------------------
Enter the assign or accept(as/ac)
ac
Input Address and Size!!
0 130
index****address**size*****

------------------------------------------------
1          490          110
------------------------------------------------

------------------------------------------------
2          0            290
------------------------------------------------
Enter the assign or accept(as/ac)
as
Input application:
140
Success!!
ADDRESS=0      , SIZE=140
当前空闲分区表为:
index****address**size*****

------------------------------------------------
1          490          110
------------------------------------------------

------------------------------------------------
2          140          150
------------------------------------------------
Enter the assign or accept(as/ac)
as
Input application:
60
Success!!
ADDRESS=490    ,SIZE=60
当前空闲分区表为:
index****address**size*****
```

```
-----------------------------------------------
1            550           50
-----------------------------------------------

-----------------------------------------------
2            140           150
-----------------------------------------------

Enter the assign or accept(as/ac)
as
Input application:
50
Success!!
ADDRESS=550    ,SIZE=50
当前空闲分区表为:
index****address**size*****
-----------------------------------------------
1            140           150
-----------------------------------------------

Enter the assign or accept(as/ac)
ac
Input Address and Size!!
490 60
index****address**size*****
-----------------------------------------------
1            490           60
-----------------------------------------------

-----------------------------------------------
2            140           150
-----------------------------------------------

Enter the assign or accept(as/ac)
Exit
  [root@localhost free_malloc]#
```

【思考练习】

  为了核心能够快速响应请求,尽可能地在提高内存利用率的同时减少内存碎片,Linux 内核中引入了伙伴系统算法(Buddy System)。它把所有的空闲页框分组为 11 个块链表,每个块链表分别包含大小为 1、2、4、8、16、32、64、128、256、512 和 1024 个连续页框的页框块。最大可以申请 1024 个连续页框块,对应 4MB 大小的连续内存。

  假设要申请一个 256 个页框的块,先从 256 个页框块的链表中查找空闲块,如果没有,就去 512 个页框块的链表中找,找到了则将页框块分为 2 个 256 个页框的块,一个分配给应用，另外一个移到 256 个页框块的链表中。如果 512 个页框块的链表中仍没有空闲块，继续向 1024 个页框块的链表查找，如果仍然没有，则返回错误。

页框块在释放时，会主动将两个连续的页框块合并为一个较大的页框块。

试用 C 语言编程，模拟伙伴(Buddy)算法，并测试其结果。

7.2　请求调页存储管理

【实验目的】

(1) 实现请求页式存储管理中页面置换算法模拟设计；

(2) 理解虚拟存储技术的特征；

(3) 掌握请求页式存储管理的页面置换过程。

【实验内容】

在一个请求分页系统中，假如一个作业的页面走向为 4、3、2、1、4、3、4、3、2、1、5。如果所访问的页还没装入内存，便将发生一次缺页中断。目前系统中还没有任何页装入内存，当分配给该作业的物理块数目 M 分别为 3 和 4 时，采用 FIFO 算法时，其缺页情况如表 7.2 和表 7.3 所示；采用 LRU 算法时，其缺页情况如表 7.4 和表 7.5 所示。

要求使用 C 语言编程实现虚拟存储管理系统中页面置换算法：先进先出算法(FIFO)和最近最久未使用算法(LRU)页面置换过程，并计算缺页率。用 srand( )和 rand( )函数定义和产生页面引用串，并针对不同的算法计算出相应的缺页率。

注意：缺页率＝缺页次数/页面总数。

表 7.2　访问过程中的缺页情况(M=3，FIFO 算法)

页面走向	4	3	2	2	4	3	5	4	3	2	1	5
缺页	√	√	√				√			√	√	√
最早进入内存的页面			4	3	2	1	4	4	4	3	5	5
↓		4	3	2	1	4	3	3	3	5	2	2
最晚进入内存的页面	4	3	2	1	4	3	5	5	5	2	1	1
被换出的页					4↓	3↓	2↓	1↓		4↓	3↓	

表 7.3　访问过程中的缺页情况(M=4，FIFO 算法)

页面走向	4	3	2	1	4	3	5	4	3	2	1	5
缺页	√	√	√	√			√	√	√	√	√	√
最早进入内存的页面				4	3	3	2	1	5	4	3	
↓			4	3	3	3	2	1	5	4	3	2
↓		4	3	2	2	2	1	5	4	3	2	1
最晚进入内存的页面	4	3	2	1	1	1	5	4	3	2	1	5
被换出的页							4↓	3↓	2↓	1↓	5↓	4↓

表 7.4　访问过程中的缺页情况(M=3，LRU 算法)

页面走向	4	3	2	1	4	3	5	4	3	2	1	5
缺页	√	√	√	√	√	√	√			√	√	√
最近最长时间未用页			4	3	2	1	4	3	5	4	3	2
↓		4	3	2	1	4	3	5	4	3	2	1
最近刚使用过的页面	4	3	2	1	4	3	5	4	3	2	1	5
被换出的页			4↓	3↓	2↓	1↓				5↓	4↓	3↓

表 7.5　访问过程中的缺页情况(M=4，LRU 算法)

页面走向	4	3	2	1	4	3	5	4	3	2	1	5
缺页	√	√	√	√			√			√	√	√
最近最长时间未用页				4	3	2	1	1	1	5	4	3
			4	3	2	1	4	3	5	4	3	2
↓		4	3	2	1	4	3	5	4	3	2	1
最近刚使用过的页面	4	3	2	1	4	3	5	4	3	2	1	5
被换出的页							2↓			1↓	5↓	4↓

【实验原理】

请求调页是一种动态内存分配技术。它把页面的分配推迟到不能再推迟为止，也就是说，一直推迟到进程要访问的页不在物理内存时为止，由此引起一个缺页错误。请求调页增加了系统中空闲页面的平均数，从而更好地利用空闲内存，在内存总数保持不变的情况下，请求调页从总体上能使系统有更大的吞吐量。

由请求调页引发的每个"缺页"错误必须由内核处理，这将浪费 CPU 的时钟周期。然而，局部性原理保证了一旦进程开始在一组页上运行，接下来在相当长的一段时间内它会一直停留在这些页上而不去访问其他页，这样就可以认为"缺页"错误是一种稀有事件。

进程开始运行的时候并不访问其地址空间中的全部地址。事实上，有一部分地址也许是进程永远不使用的。根据局部性原理，程序没有必要一次性装入和长时间驻留内存，程序运行时，如果要访问的页面在内存则继续执行，如果不在内存则应用 OS 提供的请求调页功能调入内存，如果内存已满则使用页面置换算法将暂时不用的页调出。

【实验代码】

参考代码如下：

```
//swap_page.c 源程序
#include <stdio.h>
#define M 3                          //内存物理块个数为 3
#define N 12
typedef struct page{
    int num;                          //页号
```

```
    int time;                        //调入时间
}page;
page mm[M];                          //M 个物理块
int queue1[N],queue2[N];
int K=0,S=0;
int pos=0;                           //标识存在最长时间项
//初始化
void init(){
    int i;
    for(i=0; i<M; i++){
        mm[i].num=-1;
        mm[i].time=0;
    }
}
//最长时间
int getmax(){
    int max=-1;
    int i;
    for(i=0; i<M; i++){
        if(mm[i].time>max){
            max=mm[i].time;
            pos=i;
        }
    }
    return pos;
}
//页是否在内存
int equation(int fold){
    int i;
    for(i=0; i<M; i++){
        if(mm[i].num==fold){
            return i;
        }
    }
    return -1;
}
//检查内存是否满
int check(){
    int i;
```

```
    for(i=0; i<M; i++){
      if(mm[i].num==-1){
        return i;
      }
    }
    return -1;
}
//fifo( )函数
void fifo(int fold){
    int i;
    int a, b, c;
    a=equation(fold);
    if(a!=-1){}                          //页在内存
    else{
      b=check();
      if(b!=-1){                         //内存未满
        mm[b].num=fold;
      }
      else{
        c=getmax();
        mm[c].num=fold;
        mm[c].time=0;
      }
      queue1[K++]=fold;
    }
    for(i=0;i<M;i++){
      if(mm[i].num!=-1){
        mm[i].time++;
      }
    }
}
//lru( )函数
void lru(int fold){
    int i, a, b, p;
    a=equation(fold);
    if(a!=-1){                           //页在内存
      if(a==M-1){
        return;                          //最后一页返回
      }
```

```
    else{
        p=equation(-1);                      //找第一个空闲页
        if(p==-1){                           //没有空闲页，调整页面，将页面 fold 放在最后
            for(;a<M-1;a++){
                mm[a].num=mm[a+1].num;
            }
            mm[M-1].num=fold;
        }
        else if(p<=M-1){                     //找到空闲页 p
            for(;a<p-1;a++){
                mm[a].num=mm[a+1].num;
            }
            mm[a].num=fold;
        }
    }
}
else{                                        //页不在内存
    b=check();
    if(b!=-1){                               //内存不满
        mm[b].num=fold;
    }
    else{                                    //内存满
        for(i=0; i<M-1; i++){
            mm[i].num=mm[i+1].num;
        }
        mm[M-1].num=fold;
    }
    queue2[S++]=fold;
}
}
//main( )函数
void main(){
    int a[N], b[N];
    int i;
    init();
    printf("input N page number:\n");
    for(i=0; i<N; i++){
        scanf("%d",&a[i]);
    }
```

```
// fifo( )函数调用
for(i=0;i<N;i++){
    b[i]=a[i];
}
for(i=0; i<N; i++){
    fifo(b[i]);
}
printf("FIFO 的调入队列为：");
for(i=0; i<K; i++){
    printf("%3d", queue1[i]);
}
printf("\n 缺页次数为%5d\n 缺页率为：%6.2f\n", K, (float)K/N);
//lru( )函数调用
init();
for(i=0; i<N; i++){
    b[i]=a[i];
}
for(i=0; i<N; i++){
    lru(b[i]);
}
printf("LRU 的调入队列为:");
for(i=0;i<S;i++){
    printf("%3d",queue2[i]);
}
printf("\n 缺页次数为%5d\n 缺页率为：%6.2f\n", S, (float)S/N);
}
```

测试结果如下：

```
[root@localhost virtual_memory]# gcc swap_page.c
[root@localhost virtual_memory]# ./a.out
input N page number:
4 3 2 1 4 3 5 4 3 2 1 5
FIFO 的调入队列为：   4  3  2  1  4  3  5  2  1
缺页次数为    9
缺页率为：   0.75
LRU 的调入队列为:  4  3  2  1  4  3  5  2  1  5
缺页次数为   10
缺页率为：   0.83
[root@localhost virtual_memory]#
```

//swap_page.c 源程序中修改内存块数为 4
#include <stdio.h>
#define M 4
#define N 12

修改内存块数为 4 后，测试结果如下：

[root@localhost virtual_memory]# gcc swap_page.c
[root@localhost virtual_memory]# ./a.out
input N page number:
4 3 2 1 4 3 5 4 3 2 1 5
FIFO 的调入队列为：　 4　3　2　1　5　4　3　2　1　5
缺页次数为　　10
缺页率为：　　0.83
LRU 的调入队列为：　4　3　2　1　5　2　1　5
缺页次数为　　　8
缺页率为：　　0.67
[root@localhost virtual_memory]#

【思考练习】

1. 假定系统为某进程分配了三个物理块，并考虑页面号引用串为：7、0、1、2、0、3、0、4、2、3、0、3、2、1、2、0、1、7、0、1。

进程运行时，先将 7、0、1 三个页面装入内存。此后，当进程要访问页面 2 时，将会产生缺页中断。试分别采用 FIFO 和 LRU 算法进行页面置换，求出调入页面序列、统计缺页次数和缺页率。

2. 增加 clock 置换算法以及改进型 clock 置换算法。

第8章　文件管理综合实验

【实验目的】

(1) 模拟文件管理的过程；

(2) 对常用文件操作命令和执行过程深入了解；

(3) 掌握文件存储空间的管理。

【实验内容】

设计并实现一个简单文件系统模拟程序，要求提供图 8.1 所示的操作功能。

```
0. 初始化------------------------format

1. 查看当前目录文件列表----------dir

2. 创建文件----------------------create-(create+空格+文件名+文件长度)

3. 打开文件----------------------cat-----(cat+空格+文件名)

4. 删除文件----------------------del-----(del+空格+文件名)

5. 创建目录----------------------md------(md+空格+目录名)

6. 删除目录----------------------deldir--(del+空格+目录名)

7. 进入当前目录下的指定目录------cd-----(cd+空格+目录名)

8. 返回上一级目录-----------------cd..

9. 查看系统信息--------------------ls

10. 显示帮助命令------------------help

11. 退出文件模拟------------------exit
```

图 8.1　文件系统模拟程序主界面

【实验原理】

文件是具有文件名的一组关联信息的集合，通常由若干个记录组成。文件系统是操作系统与管理文件有关的软件和数据集合。从用户的角度看，文件系统实现"按名存取"。从系统的角度看，文件系统是对文件存储器的存储空间进行组织、分配，负责文件的存储并对存入的文件实施保护、检索的一组软件集合。为使用户能灵活方便地使用和控制文件，文件系统提供了一组文件操作的系统调用：建立文件、删除文件、打开文件、关闭文件、读文件和写文件。

本文件系统采用磁盘存储方式，空闲磁盘块采用成组链接法分配与回收。

1. 空闲盘块的组织

(1) 空闲盘块号栈 s，用来存放当前可用的一组空闲盘块的盘块号(最多含 100 个号)，以及栈中尚有的空闲盘块(号)数 n。当 n = 100 时，它指向 s.free(99)，表示栈满，其中 s.free(0)

是栈底。

(2) 文件区中的所有空闲盘块被分成若干个组，比如，将每 100 个盘块作为一组。假定盘上共有 10 000 个盘块，其中第 201～7999 号盘块用于存放文件，即作为文件区，这样，该区的最末一组盘块号应为 7901～7999，次末组为 7801～7900，依此类推，第二组的盘块号为 301～400，第一组为 201～300。

(3) 将每一组的盘块数 n 和该组所有的盘块号记入其前一组的第一个盘块(栈底)中。这样，由各组的第一个盘块可链成一条链。

(4) 将第一组的盘块总数和所有的盘块号记入空闲盘块号栈中，作为当前可供分配的空闲盘块号。

(5) 最末一组只有 99 个可用盘块，其盘块号分别记入其前一组的第一个盘块的 s.free(1)～s.free(99)中，而在 s.free(0)中存放"0"，作为空闲盘块链的结束标志。

2. 空闲盘块的分配与回收

(1) 当系统要为用户分配文件所需的盘块时，须调用盘块分配过程来完成。该过程首先检查空闲盘块号栈是否可用，如果可用，便从栈顶取出一个空闲盘块号，将与之对应的盘块分配给用户，然后将栈顶指针下移一格。若该盘块号已是栈底，即 s.free(0)，这是当前栈中最后一个可分配的盘块号，由于在该盘块号所对应的盘块中记有下一组可用的盘块号，因此，须调用磁盘读过程将栈底盘块号所对应盘块的内容读入栈中，作为新的盘块号栈的内容，并把原栈底对应的盘块分配出去。接下来，再分配相应的缓冲区作为该盘块的缓冲区。最后，把栈中的空闲盘块数减 1 并返回。

(2) 在系统回收空闲盘块时，须调用盘块回收过程进行回收。它是将回收盘块的盘块号记入空闲盘块号栈的顶部，并执行空闲盘块数加 1 操作。当栈中空闲盘块号数目已达 100 时，表示栈已满，便将现有栈中的 100 个盘块号记入新回收的盘块中，再将其盘块号作为新栈底。

【实验代码】

参考代码如下：

```
//simple_fs2.c 源代码名
#include<stdio.h>
#include<string.h>

int physic[100];                    //文件地址内存缓冲区
int style=1;                        //文件的类型：1 为普通文件；0 为目录文件
char cur_dir[10]="root";            //当前目录

struct command
{
    char com[10];
}cmd[12];                           //12 条命令
```

```
struct block
{
    int n;                              //空闲盘块的个数；也用作栈项指针
    int free[100];                      //存放空闲盘块的地址(201～7999)
    int a;                              //标识该盘块是否被占用：0 为空闲；1 为占用
}memory[10000];
//假定磁盘上共有 10000 个盘块，其中第 201～7999 号盘块用于存放文件，即作为文件区。
//该区的最末一组盘块号为 7901～7999，次末组为 7801～7900，…，第二组盘块号为
//301～400，第一组为 201～300
struct block_super                      //超级块：空闲盘块号栈，作为当前可供分配的空闲盘块号
{
    int n;                              //空闲的盘块的个数
    int free[100];                      //存放进入栈中的空闲块的地址(201～7999)
}super_block;


struct node                             //i 结点信息
{
    int file_style;                     //i 结点文件类型
    int file_length;                    //i 结点文件长度
    int file_address[100];              //i 结点文件的物理地址(盘块号 201～7999)
}i_node[640];


struct dir                              //目录项信息
{
    char file_name[10];                 //文件名
    int i_num;                          //文件的结点号
    char dir_name[10];                  //文件所在的目录
}root[640];


void format()                           //格式化
{
    int i, j, k;
    int t=0;
    super_block.n=100;
    for(i=99; i>=0; i--)                //超级块初始化
    {
        super_block.free[i]=201+t;      //存放进入栈中的空闲块;第一组为 201～300
        t++;
    }
```

```
for(i=0; i<640; i++)                //i 结点信息初始化
{
   for(j=0; j<100; j++)
    {
      i_node[i].file_address[j]=-1;    //文件地址
    }
    i_node[i].file_length=-1;        //文件长度
    i_node[i].file_style=-1;         //文件类型
}


for(i=0; i<640; i++)                //根目录区信息初始化
{
   strcpy(root[i].file_name,"");
   root[i].i_num=-1;
   strcpy(root[i].dir_name,"");
}


for(i=201; i<8000; i++)             //文件存储空间 201～7999 号初始化
{
   memory[i].n=0;                   //初始时
   memory[i].a=0;
   for(j=0; j<100; j++)
    {
      memory[i].free[j]=-1;
    }
}


for(i=201; i<8000; i++)     //将空闲块的信息用成组链接的方法写进每组的最后一个块中
{
   if((i)%100==0)            //i=300，400，…，7800，7900 共 77 组
    {
      k=i+1;
      for(j=99; j>=0; j--)
       {
         if(k<8000)
          {
            memory[i].free[j]=k;    //下一组空闲地址
            memory[i].n++;          //下一组空闲个数注意在 memory[i].n++之前要给其赋初值
```

```
            k++;
          }
        else
          {
            memory[i].free[j]=-1;
          }
        }
      memory[i].a=0;                         //标记为没有使用
    }
  }

  memory[7900].free[0]=0;      //7900 盘块中存放着最后一组盘块地址(7901～7999),
                               //置其 free[0]表示链尾
                                            //
  printf("已经初始化完毕\n");
  printf("欢迎进入 linux 文件系统模拟............\n");
}

void write_file(FILE *fp)                    //将信息写入系统文件 system 中
{
  int i;
  fp=fopen("system", "wb");
  for(i=201; i<8000; i++)
  {
    fwrite(&memory[i], sizeof(struct block), 1, fp);
  }
  fwrite(&super_block, sizeof(struct block_super), 1, fp);
  for(i=0; i<640; i++)
  {
    fwrite(&i_node[i], sizeof(struct node), 1, fp);
  }
  for(i=0; i<640; i++)
  {
    fwrite(&root[i],sizeof(struct dir), 1, fp);
  }
  fclose(fp);
}


void read_file(FILE *fp)                     //读出系统文件的信息
```

```
{
    int i;
    fp=fopen("system", "rb");
    for(i=201; i<8000; i++)
    {
        fread(&memory[i], sizeof(struct block), 1, fp);
    }
    fread(&super_block, sizeof(struct block_super), 1, fp);
    for(i=0; i<640; i++)
    {
        fread(&i_node[i],sizeof(struct node), 1, fp);
    }
    for(i=0; i<640; i++)
    {
        fread(&root[i],sizeof(struct dir),1,fp);
    }
    fclose(fp);
}


void callback(int length)                 //回收磁盘空间
{
    int i, j, k, m, q=0;
    for(i=length-1; i>=0; i--)
    {
        k=physic[i];                       //从共享缓存区中找到要回收的文件的地址(盘块号)
        m=super_block.n;                   //回收到栈顶
        if(m==100)                         //注意当 super_block.n==100 栈满了
        {   //栈满(成组)时,将栈中的所有空闲盘块地址信息写进正回收的盘块 memory[k]中
            for(j=0; j<100; j++)
            {
                memory[k].free[j]=super_block.free[j];
            }
            super_block.n=0;               //栈空
            memory[k].n=100;               //memory[k]中存放着一组空闲盘块地址信息
            m=0;                           //将盘块号 k(满栈的地址信息)回收到栈底中
        }
        memory[k].a=0;                     //该组空闲盘块标记为未分配
        super_block.free[m]=physic[i];     //将共享缓存区中的盘块号回收到新栈底;栈满时 m=0
        super_block.n++;
```

```
    }
  }

int allot(int length)                        //分配空间
{
  int i, j, k, m;
  for(i=0; i<length; i++)
  {
    k=super_block.n-1;                       //超级块中表示空闲块的指针
    m=super_block.free[k];                   //栈中的相应盘块的地址
    if(m==0)                                 //检测是否还有下一组盘块
    {
      printf("没有后继盘块组，不能够再分配空间\n");
      printf("撤销分配，返回 0\n");
      callback(i+1);
      break;
    }

    if(super_block.n==1 && m!=0)
    {
      memory[m].a=1;                         //将最后一个盘块分配掉
      physic[i]=m;
      super_block.n=0;
      for(j=0; j<memory[m].n; j++)           //从最后一个盘块中取出下一组盘块号写入栈中
      {
        super_block.free[j]=memory[m].free[j];
        super_block.n++;
      }
      continue;                              //要跳过这次循环，下面的语句在 if 中已经执行过
    }

    physic[i]=m;                             //栈中的相应盘块的地址写进文件地址缓冲区
    memory[m].a=1;
    super_block.n--;
  }
  if(i==length)
    return 1;                                //分配成功
  else
    return -1;                               //分配不成功
```

```
}
void create_file(char filename[],int length)      //创建文件
{
    int i,j;
    int r;
    for(i=0; i<640; i++)
    {
        if(strcmp(filename,root[i].file_name)==0)
        {
            printf("文件已经存在，不允许建立重名的文件\n");
            return;
        }
    }

    r=allot(length);
    if(r==1){                                      //分配成功，才登记目录项
        for(i=0; i<640; i++)
        {
            if(root[i].i_num==-1)
            {
                root[i].i_num=i;
                strcpy(root[i].file_name, filename);
                strcpy(root[i].dir_name, cur_dir);    //把当前目录名给新建立的文件
                i_node[i].file_style=style;
                i_node[i].file_length=length;
                for(j=0; j<length; j++)
                {
                    i_node[i].file_address[j]=physic[j];    //记录分配的存储空间
                }
                break;
            }
        }
    }
}

void create_dir(char filename[])                //创建目录
{
    style=0;                                     //0 代表目录文件
```

```
    create_file(filename, 4);              //目录文件统一占 4 个盘块
    style=1;                               //用完恢复初值，1 代表普通文件
}

void del_file(char filename[])             //删除文件
{
  int i, j, k;
  for(i=0; i<640; i++)
  {
    if(strcmp(filename, root[i].file_name)==0)
    {
      k=root[i].i_num;
      for(j=0; j<i_node[k].file_length; j++)
      {
        physic[j]=i_node[k].file_address[j];
      }
      callback(i_node[k].file_length);     //调用回收函数
      for(j=0; j<100; j++)                 //删除文件后要将文件属性和目录项的各个值恢复初值
      {
        i_node[k].file_address[j]=-1;      //地址恢复初值
      }
      strcpy(root[i].file_name,"");        //文件名恢复初值
      root[i].i_num=-1;                    //目录项的 i 结点信息恢复初值
      strcpy(root[i].dir_name,"");         //目录项的文件目录信息恢复初值
      i_node[k].file_length=-1;            //文件长度恢复
      i_node[k].file_style=-1;             //文件类型恢复初值
      break;
    }
  }
  if(i==640)
  {
    printf("不存在这个文件\n");
  }
}

void del_dir(char filename[])              //删除目录需要判断目录下是否为空，不为空就不删除
{
  int i, j, k;
  for(i=0; i<640; i++)                     //还要判断要删除的目录是不是当前目录
```

```
{
    k=root[i].i_num;                              //找到目录名字
    if(strcmp(root[i].file_name,filename)==0&&strcmp(cur_dir,filename)!=0
            && (i_node[k].file_style)==0)
    {
        for(j=0; j<640; j++)
        {
            if(strcmp(filename,root[j].dir_name)==0)
            {
                printf("目录不为空不能直接删除\n");
                break;
            }
        }
        if(j==640)
        {
            del_file(filename);
            break;
        }
        break;
    }
}
if(i==640)
{
    printf("这个不是目录文件或者不存在这个目录，或者你要删除的是当前目录\n");
}
}


void display_curdir()                            //显示当前目录下的文件列表
{
    int i, k;
    printf("\t\t 文件名字\t 文件类型\t 文件长度\t 所属目录\n");
    for(i=0; i<640; i++)
    {
        if(strcmp(cur_dir,root[i].dir_name)==0) //查询文件所在目录信息和当前目录信息相同的数据
        {
            k=root[i].i_num;
            printf("\t\t%s",root[i].file_name);          //文件名
            printf("\t\t%d",i_node[k].file_style);       //文件的类型
            printf("\t\t%d",i_node[k].file_length);      //文件的长度
```

```
            printf("\t\t%s\n",root[i].dir_name);                //文件所在的目录
        }
    }
}


void display_dir(char filename[])                    //进入指定的目录
{
    int i, k;
    for(i=0; i<640; i++)
    {
        k=root[i].i_num;                             //判断文件类型是不是目录类型
        if((strcmp(filename, root[i].file_name)==0)&&(i_node[k].file_style==0))
        {
            strcpy(cur_dir,filename);                //将要进入的指定目录设置为当前目录
            break;
        }
    }
    if(i==640)
    {
        printf("没有这个目录\n");
    }
}


void open_file(char filename[])                      //打开文件
{
    int i, j, k;
    printf("\t\t 文件名字\t 文件类型\t 文件长度\t 所属目录\n");
    for(i=0; i<640; i++)
    {
        k=root[i].i_num;
        if(strcmp(filename, root[i].file_name)==0&&(i_node[k].file_style==1))
        {
            printf("\t\t%s",root[i].file_name);      //文件名
            printf("\t\t%d",i_node[k].file_style);   //文件的类型
            printf("\t\t%d",i_node[k].file_length);  //文件的长度
            printf("\t\t%s\n",root[i].dir_name);     //文件所在的目录
            printf("\t\t 文件占用的物理地址\n");
            for(j=0; j<i_node[k].file_length; j++)   //显示物理地址
            {
```

```
              printf("\t%d", i_node[k].file_address[j]);    //文件占用的盘块号
            if((j+1)%5==0)
                printf("\n");
          }
        printf("\n");
        break;
      }
    }
    if(i==640)
    {
      printf("没有这个文件或者这个文件不是正规文件\n");
    }
}


void back_dir()                        //返回上一级目录
{
    int i, k;
    for(i=0; i<640; i++)               //查询和当前目录名相同的目录文件名
    {
        k=root[i].i_num;
        if(strcmp(cur_dir,root[i].file_name)==0&&(i_node[k].file_style==0))
        {
            strcpy(cur_dir,root[i].dir_name);   //将查询到的目录文件名所在的目录赋值给当前目录
        }
    }
}


void display_sys()                     //显示系统信息(磁盘使用情况)
{
    int i, m, k=0;
    for(i=201; i<8000; i++)
    {
        if(memory[i].a==0)
        k++;
    }
    m=7999-201+1-k;
    printf("空闲的盘块数是：\t");
    printf("k=%d\n", k);
    printf("使用的盘块数是：\t");
```

```
    printf("m=%d\n", m);
}


void help()//显示帮助信息
{
    printf("注意：创建的文件长度<=100\n\n");                    //说明文件
    printf("0.初始化------------------------format\n");
    printf("1.查看当前目录文件列表----------dir\n");
    printf("2.创建文件----------------------create-(create+空格+文件名+文件长度)\n");
    printf("3.打开文件----------------------cat-----(cat+空格+文件名)\n");
    printf("4.删除文件----------------------del-----(del+空格+文件名)\n");
    printf("5.创建目录----------------------md------(md+空格+目录名)\n");
    printf("6.删除目录----------------------deldir--(del+空格+目录名)\n");
    printf("7.进入当前目录下的指定目录------cd-----(cd+空格+目录名)\n");
    printf("8.返回上一级目录----------------cd..\n");
    printf("9.查看系统信息------------------ls\n");
    printf("10.显示帮助命令-----------------help\n");
    printf("11.退出文件模拟-----------------exit\n");
}


int main()                                        //主函数
{
    char tmp[10], com[10], tmp1[10],k;
    struct command tmp2[10];
    int i, j=0, p, len=0;
    FILE*fp;
    help();
    strcpy(cmd[0].com, "format");                 //将各个命令存进命令表
    strcpy(cmd[1].com, "dir");
    strcpy(cmd[2].com, "cat");
    strcpy(cmd[3].com, "ls");
    strcpy(cmd[4].com, "md");
    strcpy(cmd[5].com, "create");
    strcpy(cmd[6].com, "del");
    strcpy(cmd[7].com, "deldir");
    strcpy(cmd[8].com, "cd");
    strcpy(cmd[9].com, "cd..");
    strcpy(cmd[10].com, "help");
    strcpy(cmd[11].com, "exit");
```

```
if((fp=fopen("system", "rb"))==NULL)              //判断系统文件是否存在
{
    printf("无法打开文件\n");
    printf("创建文件 Y\n 退出 N\n");
    scanf("%c", &k);
    if(k=='Y'||k=='y')
        format();
    if(k=='N'||k=='n')
        return 0;
}
else
{
    read_file(fp);                                //读取系统文件的内容
}

while(1)
{
    j=0;                                          //必须重新恢复 0，否则出错
    strcpy(tmp, cur_dir);
    while(strcmp(tmp, "root")!=0)
    {
        for(i=0; i<640; i++)
        {
            p=root[i].i_num;
            if(strcmp(tmp,root[i].file_name)==0&&(i_node[p].file_style==0))
            {
                strcpy(tmp2[j].com, tmp);
                j++;
                strcpy(tmp, root[i].dir_name);
            }
        }
    }

    strcpy(tmp2[j].com, tmp);
    for(i=j; i>=0; i--)
    {
        printf("[%s/]", tmp2[i].com);
    }
```

```
        scanf("%s", com);                    //输入命令并且查找命令的相关操作
        for(i=0; i<12; i++)
        {
            if(strcmp(com,cmd[i].com)==0)
            {
                p=i;
                break;
            }
        }

        if(i==12)              //如果没有这个语句,则以后输入的命令都和第一次输入的效果一样
        {
            p=13;
        }

        switch(p)
        {
        case 0: format();                    //初始化
            break;
        case 1: display_curdir();            //查看当前目录下的文件列表
            break;
        case 2: scanf("%s", tmp);            //查看文件
            open_file(tmp);
            break;
        case 3: display_sys();               //查看系统信息
            break;
        case 4: scanf("%s", tmp);            //创建目录
            create_dir(tmp);
            break;
        case 5: scanf("%s", tmp);            //创建文件
            scanf("%d", &len);
            create_file(tmp, len);
            break;
        case 6: scanf("%s", tmp);            //删除文件
            for(i=0; i<640; i++)             //判断文件是不是正规文件
            {
                j=root[i].i_num;
                if(strcmp(tmp, root[i].file_name)==0&&(i_node[j].file_style)==1)
                {
```

```
                    del_file(tmp);
                    break;
               }
           }
           if(i==640)
           {
               printf("这个不是正规文件文件\n");
           }
           break;
        case 7: scanf("%s",tmp);                //删除目录
           del_dir(tmp);
           break;
        case 8: scanf("%s",tmp1);       //进入当前目录下的指定目录相当于进入目录 cd+目录名
           display_dir(tmp1);
           break;
        case 9: back_dir();                    //返回上一级目录
           break;
        case 10:    help();
           break;
        case 11:    write_file(fp);            //将磁盘利用信息写进系统文件，退出
            return 0;
        default:    printf("没有这个命令\n");
           break;
        }
    }
}
```

测试结果如下：

(1) 编译、运行。

```
[root@localhost file_system_study]# ls
simple_fs2.c
[root@localhost file_system_study]# gcc simple_fs2.c
[root@localhost file_system_study]# ls
a.out    simple_fs2.c
[root@localhost file_system_study]# ./a.out
注意：创建的文件长度<=100


0.初始化-----------------------format
1.查看当前目录文件列表----------dir
2.创建文件----------------------create-(create+空格+文件名+文件长度)
```

```
3.打开文件----------------------cat-----(cat+空格+文件名)
4.删除文件----------------------del-----(del+空格+文件名)
5.创建目录----------------------md------(md+空格+目录名)
6.删除目录----------------------deldir--(del+空格+目录名)
7.进入当前目录下的指定目录------cd-----(cd+空格+目录名)
8.返回上一级目录-----------------cd..
9.查看系统信息-------------------ls
10.显示帮助命令-----------------help
11.退出文件模拟-----------------exit
无法打开文件
创建文件 Y
退出 N
y
已经初始化完毕
欢迎进入 linux 文件系统模拟...
[root/]
```

(2) 查看系统信息、查看帮助信息。

```
[root/]ls
空闲的盘块数是：        k=7799
使用的盘块数是：        m=0
[root/]help
注意：创建的文件长度<=100


0.初始化------------------------format
1.查看当前目录文件列表----------dir
2.创建文件----------------------create-(create+空格+文件名+文件长度)
3.打开文件----------------------cat-----(cat+空格+文件名)
4.删除文件----------------------del-----(del+空格+文件名)
5.创建目录----------------------md------(md+空格+目录名)
6.删除目录----------------------deldir--(del+空格+目录名)
7.进入当前目录下的指定目录------cd-----(cd+空格+目录名)
8.返回上一级目录-----------------cd..
9.查看系统信息-------------------ls
10.显示帮助命令-----------------help
11.退出文件模拟-----------------exit
[root/]
```

(3) 创建目录、删除目录、切换目录、返回上级目录。

```
[root/]dir
    文件名字  文件类型  文件长度  所属目录
```

```
[root/]md hue1
[root/]md hue2
[root/]dir
[root/]dir
        文件名字    文件类型        文件长度    所属目录
        hue1        0            4        root
        hue2        0            4        root
[root/]deldir hue2
[root/]dir
        文件名字   文件类型   文件长度   所属目录
        hue1        0        4        root
[root/]cd hue1
[root/][hue1/]dir
        文件名字   文件类型   文件长度   所属目录
[root/][hue1/]md yq1
[root/][hue1/]md yq2
[root/][hue1/]dir
        文件名字   文件类型   文件长度   所属目录
        yq1        0        4        hue1
        yq2        0        4        hue1
[root/][hue1/]cd yq1
[root/][hue1/][yq1/]cd..
[root/][hue1/]cd..
[root/]
```

(4) 格式化虚拟磁盘。

```
[root/]format
已经初始化完毕
欢迎进入 linux 文件系统模拟...
 [root/]dir
        文件名字   文件类型   文件长度   所属目录
[root/]
```

(5) 创建文件、删除文件、查看文件。

```
[root/]create file1 50
[root/]create file2 30
[root/]dir
        文件名字   文件类型   文件长度   所属目录
        file1        1        50        root
        file2        1        30        root
[root/]cat file1
```

　　　　文件名字　文件类型　文件长度　所属目录
　　　　file1　　　　　1　　　　50　　　　root
　　　　文件占用的物理地址
201　202　203　204　205
206　207　208　209　210
211　212　213　214　215
216　217　218　219　220
221　222　223　224　225
226　227　228　229　230
231　232　233　234　235
236　237　238　239　240
241　242　243　244　245
246　247　248　249　250

[root/]cat file2
　　　　文件名字　文件类型　文件长度　所属目录
　　　　file2　　　　　1　　　　30　　　　root
　　　　文件占用的物理地址
251　252　253　254　255
256　257　258　259　260
261　262　263　264　265
266　267　268　269　270
271　272　273　274　275
276　277　278　279　280

[root/]
[root/]create file3 30
[root/]cat file3
　　　　文件名字　文件类型　文件长度　所属目录
　　　　file3　　　　　1　　　　30　　　　root
　　　　文件占用的物理地址
281　282　283　284　285
286　287　288　289　290
291　292　293　294　295
296　297　298　299　300
301　302　303　304　305
306　307　308　309　310

[root/]

```
[root/]dir
        文件名字    文件类型    文件长度    所属目录
        file1          1         50        root
        file2          1         30        root
        file3          1         30        root
[root/]del file1
[root/]dir
        文件名字    文件类型    文件长度    所属目录
        file2          1         30        root
        file3          1         30        root
[root/]create file11 80
[root/]cat file11
        文件名字    文件类型    文件长度    所属目录
        file11         1         80        root
        文件占用的物理地址
201    202    203    204    205
206    207    208    209    210
211    212    213    214    215
216    217    218    219    220
221    222    223    224    225
226    227    228    229    230
231    232    233    234    235
236    237    238    239    240
241    242    243    244    245
246    247    248    249    250
311    312    313    314    315
316    317    318    319    320
321    322    323    324    325
326    327    328    329    330
331    332    333    334    335
336    337    338    339    340

[root/]
```

(6) 退出文件系统，再进入文件系统。

```
[root/]exit
[root@localhost file_system_study]#
[root@localhost file_system_study]# ls
a.out        simple_fs2.c        system
[root@localhost file_system_study]# ./a.out
```

```
注意：创建的文件长度<=100

0.初始化------------------------format
1.查看当前目录文件列表---------dir
2.创建文件----------------------create-(create+空格+文件名+文件长度)
3.打开文件----------------------cat-----(cat+空格+文件名)
4.删除文件----------------------del----(del+空格+文件名)
5.创建目录----------------------md------(md+空格+目录名)
6.删除目录----------------------deldir--(del+空格+目录名)
7.进入当前目录下的指定目录------cd-----(cd+空格+目录名)
8.返回上一级目录-----------------cd..
9.查看系统信息------------------ls
10.显示帮助命令-----------------help
11.退出文件模拟-----------------exit
[root/]dir
        文件名字  文件类型  文件长度  所属目录
        file11      1        80        root
        file2       1        30        root
        file3       1        30        root
[root/]
```

【思考练习】

用空闲块链接法可以节省内存，但实现效率低。改进方法是把所有空闲盘块按固定数量分组，这里选用 50 个空闲块为一组，组中的第 1 块为组长块。第 1 组的 50 个空闲块块号放在第 2 组的组长块中，而第 2 组的其余 49 块是完全空闲的。第 2 组的 50 个块号又放在第 3 组的组长块中。以此类推，组与组之间形成链接关系。最后一组的块号(可能不足 50 块)，通常放在内存的一个专用栈(即文件系统超级块中的空闲块号栈)，这里可以用一个一维数组来表示，长度是 51，下标 0 存储超级块当前数据长度。这样，平常对盘块的分配和释放放在超级块中进行。

当需要为新建文件分配空闲盘块时，总是先把超级块中表示栈深的值作为检索超级块中空闲块号栈的索引，得到对应的盘块号，它就是当前分配出去的空闲块。如果需要分配更多个盘块，则重复上述操作即可。

如果当前栈深为 1，需要再分配一个空闲盘块。首先，以 1 作为索引下标，得到盘块号，它是一个组长块；然后，把该组长盘块的内容，即下一组所有空闲盘块的数量和各个盘块的块号分别放进超级块的栈深和空闲块号栈中。最后，把该组长块分配出去。如果继续分配，就和上面分配非组长块的操作一样即可。

若要删除一个文件，则需循环释放它所占用的空闲块。释放一个空闲块的操作是先让栈深值加 1，接着把块号放在当前栈深所对应的元素中，每次释放修改对应成组链接中的盘块。如果需要释放更多个盘块，则重复上述操作即可。

如果栈深的值是 50，表示该栈已满，此时要释放一个盘块，就需要进行特殊处理：先将该栈中的内容(包括栈深值和各空闲块块号)写到需要释放的新盘块中；然后将栈深及栈中全部盘块号清除；最后把栈深值置为 1，将新盘块号写入相应的栈单元中。这样，该盘块就成为新组的组长块。如果继续释放空闲块，其操作和普通释放一样。

根据上述描述，试着编写代码实现。

附录 计算机操作系统习题及参考答案

习题 1 操作系统引论

(单项选择题,每题 2 分,共 100 分)

1. 操作系统是一种(　　)。

A. 通用软件 　　　　　　　　　　　　B. 系统软件

C. 应用软件 　　　　　　　　　　　　D. 软件包

2. 操作系统是对(　　)进行管理的软件。

A. 软件 　　　　　　　　　　　　　　B. 硬件

C. 计算机资源 　　　　　　　　　　　D. 应用程序

3. 下面的(　　)资源不是操作系统应该管理的。

A. CPU 　　　　　　　　　　　　　　B. 内存

C. 外存 　　　　　　　　　　　　　　D. 源程序

4. 下面的选项中,(　　)不是操作系统关心的问题。

A. 管理计算机裸机 　　　　　　　　　B. 设计、提供用户程序与硬件系统的界面

C. 管理计算机系统资源 　　　　　　　D. 高级程序设计语言的编译器

5. 操作系统的基本功能是(　　)。

A. 提供功能强大的网络管理工具 　　　B. 提供用户界面方便用户使用

C. 提供方便的可视化编辑程序 　　　　D. 控制和管理系统内的各种资源

6. 现代操作系统中最基本的两个特征是(　　)。

A. 并发和不确定 　　　　　　　　　　B. 并发和共享

C. 共享和虚拟 　　　　　　　　　　　D. 虚拟和不确定

7. 下列关于并发性的叙述中,正确的是(　　)。

A. 并发性是指若干事件在同一时刻发生

B. 并发性是指若干事件在不同时刻发生

C. 并发性是指若干事件在同一时间间隔内发生

D. 并发性是指若干事件在不同时间间隔内发生

8. 单处理机系统中,下列选项可并行的是(　　)。

(1) 进程与进程;

(2) 处理机与设备;

(3) 处理机与通道;

(4) 设备与设备。

A. (1)(2)(3)　　　　　　　　　　B. (1)(2)(4)

C. (1)(3)(4)　　　　　　　　　　D. (2)(3)(4)

9. 用户可以通过(　　)两种方式来使用计算机。

A. 命令接口和函数　　　　　　　B. 命令接口和系统调用

C. 命令接口和文件管理　　　　　D. 设备管理和系统调用

10. 系统调用是由操作系统提供给用户的，它(　　)。

A. 直接通过键盘交互方式使用　　B. 只能通过用户程序间接使用

C. 是命令接口中的命令　　　　　D. 与系统的命令一样

11. 下列选项中，操作系统提供给应用程序的接口是(　　)。

A. 系统调用　　　　　　　　　　B. 中断

C. 库函数　　　　　　　　　　　D. 原语

12. 操作系统提供给编程人员的接口是(　　)。

A. 库函数　　　　　　　　　　　B. 高级语言

C. 系统调用　　　　　　　　　　D. 子程序

13. 系统调用的目的是(　　)。

A. 请求系统服务　　　　　　　　B. 中止系统服务

C. 申请系统资源　　　　　　　　D. 释放系统资源

14. 为了方便用户直接或间接地控制自己的作业，操作系统向用户提供了命令接口，该接口又进一步分为(　　)。

A. 联机用户接口和脱机用户接口　B. 程序接口和图形接口

C. 联机用户接口和程序接口　　　D. 脱机用户接口和图形接口

15. 用户在程序中试图读某文件的第 100 个逻辑块，使用操作系统提供的(　　)接口。

A. 系统调用　　　　　　　　　　B. 键盘命令

C. 原语　　　　　　　　　　　　D. 图形用户接口

16. 操作系统与用户通信接口通常不包括(　　)。

A. shell　　　　　　　　　　　　B. 命令解释器

C. 广义指令　　　　　　　　　　D. 缓存管理指令

17. 下列选项中，不属于多道程序设计的基本特征是(　　)。

A. 制约性　　　　　　　　　　　B. 间断性

C. 顺序性　　　　　　　　　　　D. 共享性

18. 以下关于操作系统的叙述中，错误的是(　　)。

A. 操作系统是管理资源的程序

B. 操作系统是管理用户程序执行的程序

C. 操作系统是能使系统资源提高效率的程序

D. 操作系统是用来编程的程序

19. 计算机开机后，操作系统最终被加载到(　　)。

A. BIOS　　　　　　　　　　　　B. ROM

C. EPROM　　　　　　　　　　　D. RAM

20. 提高单机资源利用率的关键技术是(　　)。

A. 脱机技术　　　　　　　　　　B. 虚拟技术

C. 交换技术　　　　　　　　　　D. 多道程序设计技术

21. 批处理系统的主要缺点是(　　)。

A. 系统吞吐量小　　　　　　　　B. CPU 利用率不高

C. 资源利用率低　　　　　　　　D. 无交互能力

22. 下列选项中，不属于多道程序设计的基本特征的是(　　)。

A. 制约性　　　　　　　　　　　B. 间断性

C. 顺序性　　　　　　　　　　　D. 共享性

23. 操作系统的基本类型主要有(　　)。

A. 批处理操作系统、分时操作系统和多任务系统

B. 批处理操作系统、分时操作系统和实时操作系统

C. 单用户系统、多用户系统和批处理操作系统

D. 实时操作系统、分时操作系统和多用户系统

24. 下列关于批处理系统的叙述中，正确的是(　　)。

(1) 批处理系统允许多个用户与计算机直接交互

(2) 批处理系统分为单道批处理系统和多道批处理系统

(3) 中断技术使得多道批处理系统的 I/O 设备可与 CPU 并行工作

A. (2)(3)　　　　　　　　　　　B. (2)

C. (1)(2)　　　　　　　　　　　D. (1)(3)

25. 与单道程序系统相比，多道程序系统的优点是(　　)。

(1) CPU 利用率高；

(2) 系统开销小；

(3) 系统吞吐量大；

(4) I/O 设备利用率高。

A. (1)(3)　　　　　　　　　　　B. (1)(4)

C. (2)(4)　　　　　　　　　　　D. (1)(3)(4)

26. 实时操作系统必须在(　　)内处理来自外部的事件。

A. 一个机器周期　　　　　　　　B. 被控制对象规定时间

C. 周转时间　　　　　　　　　　D. 时间片

27. 实时系统的进程调度，通常采用(　　)算法。

A. 先来先服务　　　　　　　　　B. 时间片轮转

C. 抢占式的优先级高者优先　　　D. 高响应比优先

28. (　　)不是设计实时操作系统的主要追求目标。

A. 安全可靠　　　　　　　　　　B. 资源利用率

C. 及时响应　　　　　　　　　　D. 快速处理

29、下列(　　)应用工作最好采用实时操作系统平台。

(1) 航空订票；

(2) 办公自动化；

(3) 机床控制;

(4) AutoCAD;

(5) 工资管理系统;

(6) 股票交易系统。

A. (1)(2)和(3)　　　　　　B. (1)(3)和(4)

C. (1)(4)和(5)　　　　　　D. (1)(3)和(6)

30. 分时系统的一个重要性能是系统的响应时间,对操作系统的(　　)因素进行改进有利于改善系统的响应时间。

A. 加大时间片　　　　　　B. 采用静态页式管理

C. 优先级+非抢占式调度算法　　D. 代码可重入

31. 分时系统追求的目标是(　　)。

A. 充分利用 I/O 设备　　　　B. 比较快速响应用户

C. 提供系统吞吐率　　　　　D. 充分利用内存

32. 在分时系统中,时间片一定时,(　　)响应时间越长。

A. 内存越多　　　　　　　B. 内存越少

C. 用户数越多　　　　　　D. 用户数越少

33. 在分时系统中,为使多个进程能够及时与系统交互,最关键的问题是能在短时间内,使所有就绪进程都能运行。当就绪进程数为 100 时,为保证响应时间不超过 2s,此时的时间片最大应为(　　)。

A. 10 ms　　　　　　　　B. 20 ms

C. 50 ms　　　　　　　　D. 100 ms

34. 操作系统有多种类型。允许多个用户以交互的方式使用计算机的操作系统,称为(　　)。

A. 批处理系统　　　　　　B. 分时操作系统

C. 实时操作系统　　　　　D. 微型计算机操作系统

35. 操作系统有多种类型。允许多个用户将若干作业提交给计算机系统集中处理的操作系统,称为(　　)。

A. 批处理系统　　　　　　B. 分时操作系统

C. 实时操作系统　　　　　D. 微型计算机操作系统

36. 操作系统有多种类型。在(　　)的控制下,计算机系统能及时处理由过程控制反馈的数据,并及时做出响应。

A. 批处理系统　　　　　　B. 分时操作系统

C. 实时操作系统　　　　　D. 微型计算机操作系统

37. 操作系统有多种类型。在 IBM-PC 中,操作系统称为(　　)。

A. 批处理系统　　　　　　B. 分时操作系统

C. 实时操作系统　　　　　D. 微型计算机操作系统

38. 下列关于多任务操作系统的叙述中,正确的是(　　)。

(1) 具有并发和并行的特点;

(2) 需要实现对共享资源的保护;

(3) 需要运行在多 CPU 的硬件平台上。

A. (1)　　　　　　　　　　　　　　B. (2)

C. (1)(2)　　　　　　　　　　　　　D. (1)(2)(3)

39. 下列关于操作系统的说法中，错误的是(　　)。

(1) 在通用操作系统管理下的计算机上运行程序，需要向操作系统预定运行时间；

(2) 在通用操作系统管理下的计算机上运行程序，需要确定起始地址，并从这个地址开始执行；

(3) 操作系统需要提供高级程序设计语言的编译器；

(4) 管理计算机系统资源是操作系统关心的主要问题。

A. (1)(3)　　　　　　　　　　　　　B. (2)(3)

C. (1)(2)(3)(4)　　　　　　　　　　D. 以上答案都正确

40. 下列说法中，正确的是(　　)。

(1) 批处理的主要缺点是需要大量内存；

(2) 当计算机提供了核心态和用户态时，输入/输出指令必须在核心态下执行；

(3) 操作系统中采用多道程序设计技术的最主要原因是提高 CPU 和外部设备的可靠性；

(4) 操作系统中，通道技术是一种硬件技术。

A. (1)(2)　　　　　　　　　　　　　B. (1)(3)

C. (2)(4)　　　　　　　　　　　　　D. (2)(3)(4)

41. 下列关于系统调用的说法中，正确的是(　　)。

(1) 用户程序设计时，使用系统调用命令，该命令经过编译后，形成若干参数和陷入(trap)指令；

(2) 用户程序设计时，使用系统调用命令，该命令经过编译后，形成若干参数和屏蔽中断指令；

(3) 系统调用功能是操作系统向用户程序提供的接口；

(4) 用户及其应用程序和应用系统是通过系统调用提供的支持和服务来使用系统资源完成其操作的。

A. (1)(3)　　　　　　　　　　　　　B. (2)(4)

C. (1)(3)(4)　　　　　　　　　　　　D. (2)(3)(4)

42. (　　)是操作系统必须提供的功能。

A. 图形用户界面(GUI)　　　　　　　B. 为进程提供系统调用命令

C. 中断处理　　　　　　　　　　　　D. 编译源程序

43. 用户程序在用户态下要使用特权指令引起的中断属于(　　)。

A. 硬件故障中断　　　　　　　　　　B. 程序中断

C. 外部中断　　　　　　　　　　　　D. 访管中断

44. 处理器执行的指令被分为两类，其中有一类称为特权指令，它只允许(　　)使用。

A. 操作员　　　　　　　　　　　　　B. 联机用户

C. 目标程序　　　　　　　　　　　　D. 操作系统

45. 下列操作系统的各个功能组成部分中，(　　)可不需要硬件的支持。

A. 进程调度　　　　　　　　　　　　B. 时钟管理

C. 地址映射   D. 中断系统

46. 在中断发生后，进入中断处理的程序属于(   )。

A. 用户程序

B. 可能是应用程序，也可能是操作系统程序

C. 操作系统程序

D. 既不是应用程序，又不是操作系统程序

47. 计算机区分核心态和用户态指令后，从核心态到用户态的转换是由操作系统程序执行后完成的，而用户态到核心态的转换则是由(   )完成的。

A. 硬件   B. 核心态程序

C. 用户程序   D. 中断处理程序

48. 下列选项中，在用户态执行的是(   )。

A. 命令解释程序   B. 缺页处理程序

C. 进程调度程序   D. 时钟中断处理程序

49. 下列选项中，不可能在用户态发生的事件是(   )。

A. 系统调用   B. 外部中断

C. 进程切换   D. 缺页

50. 只能在核心态下运行的指令是(   )。

A. 读时钟指令   B. 置时钟指令

C. 取数指令   D. 寄存器清零

习题 2   进程的描述与控制 1

(单项选择题，每题 2 分，共 100 分)

1. 一个进程映像是(   )。

A. 由协处理器执行的一个程序   B. 一个独立的程序 + 数据集

C. PCB 结构与程序和数据的组合   D. 一个独立的程序

2. 下列关于线程的叙述中，正确的是(   )。

A. 线程包含 CPU 现场，可以独立执行程序

B. 每个线程有自己独立的地址空间

C. 进程只能包含一个线程

D. 线程之间的通信必须使用系统调用函数

3. 进程之间交换数据不能通过(   )途径进行。

A. 共享文件   B. 消息传递

C. 访问进程地址空间   D. 访问共享存储区

4. 进程与程序的根本区别是(   )。

A. 静态和动态特点

B. 是不是被调入内存

C. 是不是具有就绪、运行和等待三种状态

D. 是不是占有处理器

5. 下面的叙述中，正确的是(　　)。

A. 进程获得处理器运行是通过调度得到的

B. 优先级是进程调度的重要依据，一旦确定不能改动

C. 在单处理器系统中，任何时刻都只有一个进程处于运行态

D. 进程申请处理器而得不到满足时，其状态变为阻塞态

6. 操作系统是根据(　　)来对并发执行的进程进行控制和管理的。

A. 进程的基本状态　　　　　　　　B. 进程控制块

C. 多道程序设计　　　　　　　　　D. 进程的优先权

7. 在任何时刻，一个进程的状态变化(　　)引起另一个进程的状态变化。

A. 必定　　　　　　　　　　　　　B. 一定不

C. 不一定　　　　　　　　　　　　D. 不可能

8. 在单处理器系统中，若同时存在 10 个进程，则处于就绪队列中的进程最多有(　　)个。

A. 1　　　　　　　　　　　　　　　B. 8

C. 9　　　　　　　　　　　　　　　D. 10

9. 一个进程释放了一台打印机，它可能会改变(　　)的状态。

A. 自身进程　　　　　　　　　　　B. 输入/输出进程

C. 另一个等待打印机的进程　　　　D. 所有等待打印机的进程

10. 系统进程所请求的一次 I/O 操作完成后，将使进程状态从(　　)。

A. 运行态变为就绪态　　　　　　　B. 运行态变为阻塞态

C. 就绪态变为运行态　　　　　　　D. 阻塞态变为就绪态

11. 一个进程的基本状态可以从其他两种基本状态转变过去，这个基本的状态一定是(　　)。

A. 执行状态　　　　　　　　　　　B. 阻塞态

C. 就绪态　　　　　　　　　　　　D. 完成状态

12. 并发进程失去封闭性，是指(　　)。

A. 多个相对独立的进程以各自的速度向前推进

B. 并发进程的执行结果与速度无关

C. 并发进程执行时，在不同时刻发生的错误

D. 并发进程共享变量，其执行结果与速度有关

13. 通常用户进程被建立后，(　　)。

A. 便一直存在于系统中，直到被操作人员撤销

B. 随着进程运行的正常或不正常结束而撤销

C. 随着时间片轮转而撤销与建立

D. 随着进程的阻塞或者唤醒而撤销与建立

14. 进程在处理器上执行时，(　　)。

A. 进程之间是无关的，具有封闭特性

B. 进程之间都有交互性，相互依赖、相互制约，具有并发性

C. 具有并发性，即同时执行的特性

D. 进程之间可能是无关的，但也可能是由交互性的

15. 下面的说法中，正确的是(　　)。

A. 不论是系统支持的线程还是用户级线程，其切换都需要内核的支持

B. 线程是资源分配的单位，进程是调度和分派的单位

C. 不管系统中是否有线程，进程都是拥有资源的独立单位

D. 在引入线程的系统中，进程仍是资源调度和分派的基本单位

16. 在多对一的线程模型中，当一个多线程进程中的某个线程被阻塞后，(　　)。

A. 该进程的其他线程仍可继续运行　　　B. 整个进程都将阻塞

C. 该阻塞线程将被撤销　　　　　　　　D. 该阻塞线程将永远不可能再执行

17. 用信箱实现进程间互通信息的通信机制要有两个通信原语，它们是(　　)。

A. 发送原语和执行原语　　　　　　　　B. 就绪原语和执行原语

C. 发送原语和接收原语　　　　　　　　D. 就绪原语和接收原语

18. 下列几种关于进程的叙述，(　　)是不符合操作系统对进程的理解。

A. 进程是在多程序环境中的完整程序

B. 进程可以由程序、数据和 PCB 描述

C. 线程(Thread)是一种特殊的进程

D. 进程是程序在一个数据集合上的运行过程，它是系统进行资源分配和调度的一个
独立单元

19. 支持多道程序设计的操作系统在运行过程中，不断地选择新进程运行来实现 CPU
的共享，但其中(　　)不是引起操作系统选择新进程的直接原因。

A. 运行进程的时间片用完　　　　　　　B. 运行进程出错

C. 运行进程要等待某一事件发生　　　　D. 有新进程进入就绪态

20. 某一进程实体由 PCB、共享正文段、数据堆段和数据栈段组成，那么，其程序中
的"全局赋值变量"位于(　　)中。

A. PCB　　　　　　　　　　　　　　　B. 正文段

C. 堆段　　　　　　　　　　　　　　　D. 栈段

21. 某一进程实体由 PCB、共享正文段、数据堆段和数据栈段组成，那么，其程序中
的"未赋值的局部变量"位于(　　)中。

A. PCB　　　　　　　　　　　　　　　B. 正文段

C. 堆段　　　　　　　　　　　　　　　D. 栈段

22. 某一进程实体由 PCB、共享正文段、数据堆段和数据栈段组成，那么，其程序中
的"函数调用实参传递值"位于(　　)中。

A. PCB　　　　　　　　　　　　　　　B. 正文段

C. 堆段　　　　　　　　　　　　　　　D. 栈段

23. 某一进程实体由 PCB、共享正文段、数据堆段和数据栈段组成，那么。其程序中
的"用 malloc( )要求动态分配的存储区"位于(　　)中。

A. PCB　　　　　　　　　　　　　　　B. 正文段

C. 堆段　　　　　　　　　　　　　　　D. 栈段

24. 某一进程实体由 PCB、共享正文段、数据堆段和数据栈段组成，那么，其程序中

的"常量值(如 2022,"string")"位于(　　)中。

(1) 全局赋值变量;

(2) 未赋值的局部变量;

(3) 函数调用实参传递值;

(4) 用 malloc()要求动态分配的存储区;

(5) 常量值(如 2022、"string")。

A. PCB　　　　　　　　　　　B. 正文段

C. 堆段　　　　　　　　　　　D. 栈段

25. 某一进程实体由 PCB、共享正文段、数据堆段和数据栈段组成,那么,其程序中的"进程的优先级"位于(　　)中。

A. PCB　　　　　　　　　　　B. 正文段

C. 堆段　　　　　　　　　　　D. 栈段

26. 同一程序经过多次创建,运行在不同的数据集上,形成了(　　)的进程。

A. 不同　　　　　　　　　　　B. 相同

C. 同步　　　　　　　　　　　D. 互斥

27. 系统动态 DLL 库中的系统线程,被不同的进程所调用,它们是(　　)的线程。

A. 不同　　　　　　　　　　　B. 相同

C. 可能不同,也可能相同　　　　D. 不能被调用

28. PCB 是进程存在的唯一标志,下列(　　)不属于 PCB。

A. 进程 ID　　　　　　　　　　B. CPU 状态

C. 堆栈指针　　　　　　　　　　D. 全局变量

29. 一个计算机系统中,进程的最大数目主要受到(　　)限制。

A. 内存大小　　　　　　　　　　B. 用户数目

C. 打开的文件数　　　　　　　　D. 外部设备数量

30. 进程创建完成后会进入一个序列,这个序列称为(　　)。

A. 阻塞队列　　　　　　　　　　B. 挂起序列

C. 就绪队列　　　　　　　　　　D. 运行队列

31. 在一个多道系统中,若就绪队列不空,就绪的进程数目越多,处理器的效率(　　)。

A. 越高　　　　　　　　　　　B. 越低

C. 不变　　　　　　　　　　　D. 不确定

32. 在具有通道设备的单处理器系统中实现并发技术后,(　　)。

A. 各进程在某一时刻并行运行,CPU 与 I/O 设备间并行工作

B. 各进程在某一时间段内并行运行,CPU 与 I/O 设备间串行工作

C. 各进程在某一时间段内并发运行,CPU 与 I/O 设备间并行工作

D. 各进程在某一时刻并发运行,CPU 与 I/O 设备间串行工作

33. 进程自身决定(　　)。

A. 从运行态到阻塞态　　　　　　B. 从运行态到就绪态

C. 从就绪态到运行态　　　　　　D. 从阻塞态到就绪态

34. 对进程的管理和控制使用(　　)。

A. 指令　　　　　　　　　　　　　B. 原语

C. 信号量　　　　　　　　　　　D. 信箱

35. 下列选项中，导致创建新进程的操作是(　　)。

(1) 用户登录成功；

(2) 设备分配；

(3) 启动程序执行。

A. (1)(2)　　　　　　　　　　　B. (2)(3)

C. (1)(3)　　　　　　　　　　　D. (1)(2)(3)

36. 下面的叙述中，正确的是(　　)。

A. 引入线程后，处理器只能在线程间切换

B. 引入线程后，处理器仍在进程间切换

C. 线程的切换，不会引起进程的切换

D. 线程的切换，可能引起进程的切换

37. 下列的叙述中，正确的是(　　)。

A. 线程是比进程更小的能独立运行的基本单位，可以脱离进程独立运行

B. 引入线程可提高程序并发执行的程度，可进一步提高系统效率

C. 线程的引入增加了程序执行时的时空开销

D. 一个进程一定包含多个线程

38. 下面的叙述中，正确的是(　　)。

A. 同一进程内的线程可并发执行，不同进程的线程只能串行执行

B. 同一进程内的线程只能串行执行，不同进程的线程可并发执行

C. 同一进程或不同进程内的线程都只能串行执行

D. 同一进程或不同进程内的线程都可以并发执行

39. 在支持多线程的系统中，进程 P 创建的若干线程不能共享的是(　　)。

A. 进程 P 的代码段　　　　　　B. 进程 P 中打开的文件

C. 进程 P 的全局变量　　　　　D. 进程 P 中某线程的栈指针

40. 在以下描述中，(　　)并不是多线程系统的特长。

A. 利用线程并行地执行矩阵乘法运算

B.　Web 服务器利用线程响应 HTTP 请求

C. 键盘驱动程序为每个正在运行的应用配备一个线程，用以响应该应用的键盘输入

D. 基于 GUI 的调试程序用不同的线程分别处理用户输入、计算和跟踪等操作

41. 下列关于进程和线程的叙述中，正确的是(　　)。

A. 不管系统是否支持线程，进程都是资源分配的基本单位

B. 线程是资源分配的基本单位，进程是调度的基本单位

C. 系统级线程和用户级线程的切换都需要内核的支持

D. 同一进程中的各个线程拥有各自不同的地址空间

42. 在进程转换时，下列(　　)转换是不可能发生的。

A. 就绪态→运行态　　　　　　B. 运行态→就绪态

C. 运行态→阻塞态　　　　　　D. 阻塞态→运行态

43. 当(　　)时，进程从执行状态转变为就绪态。

A. 进程被调度程序选中　　　　　　　　B. 时间片到

C. 等待某一事件　　　　　　　　　　　D. 等待的事件发生

44. 两个合作进程(Cooperating Process)无法利用(　　)交换数据。

A. 文件系统　　　　　　　　　　　　　B. 共享内存

C. 高级语言程序设计中的全局变量　　　D. 消息传递系统

45. 以下可能导致一个进程从运行态变为就绪态的事件是(　　)。

A. 一次 I/O 操作结束　　　　　　　　　B. 运行进程需做 I/O 操作

C. 运行进程结束　　　　　　　　　　　D. 出现了比现在进程优先级更高的进程

46. (　　)必会引起进程切换。

A. 一个进程创建后，进入就绪态　　　　B. 一个进程从运行态变为就绪态

C. 一个进程从阻塞态变为就绪态　　　　D. 以上答案都不对

47. 进程处于(　　)时，它处于非阻塞态。

A. 等待从键盘输入数据　　　　　　　　B. 等待协作进程的一个信号

C. 等待操作系统分配 CPU 时间　　　　　D. 等待网络数据进入内存

48. 下列选项中，降低进程优先级的合理时机是(　　)。

A. 进程时间片用完　　　　　　　　　　B. 进程刚完成 I/O 操作，进入就绪队列

C. 进程长期处于就绪队列　　　　　　　D. 进程从就绪态转为运行态

49. 一个进程被唤醒，意味着(　　)。

A. 该进程可以重新竞争 CPU　　　　　　B. 优先级变大

C. PCB 移到到就绪队列之首　　　　　　D. 进程变为运行态

50. 进程创建时，不需要做的是(　　)。

A. 填写一个该进程的进程表项　　　　　B. 分配该进程适当的内存

C. 将该进程插入就绪队列　　　　　　　D. 为该进程分配 CPU

习题 3　进程的描述与控制 2

(单项选择题，每题 2 分，共 100 分)

1. 下列对临界区的论述中，正确的是(　　)。

A. 临界区是指进程中用于实现进程互斥的那段代码

B. 临界区是指进程中用于实现进程同步的那段代码

C. 临界区是指进程中用于实现进程通信的那段代码

D. 临界区是指进程中用于访问临界资源的那段代码

2. 不需要信号量就能实现的功能是(　　)。

A. 进程同步　　　　　　　　　　　　　B. 进程互斥

C. 执行的前驱关系　　　　　　　　　　D. 进程的并发执行

3. 若一个信号量的初值为 3，经过多次 PV 操作后当前值为-1，这表示等待进入临界区的进程数是(　　)。

A. 1　　　　　　　　　　　　B. 2

C. 3　　　　　　　　　　　　D. 4

4. 设与某资源关联的信号量的初值为3，当前值为1。若 M 表示该资源的可用个数，N 表示等待该资源的进程数，则 M，N 分别是(　　　)。

A. 0，1　　　　　　　　　　B. 1，0

C. 1，2　　　　　　　　　　D. 2，0

5. 一个正在访问临界资源的进程由于申请等待 I/O 操作而被中断时，它(　　　)。

A. 允许其他进程进入与该进程相关的临界区

B. 不允许其他进程进入任何临界区

C. 允许其他进程抢占处理器，但不得进入该进程的临界区

D. 不允许任何进程抢占处理器

6. 两个旅行社甲和乙为旅客到某航空公司订飞机票，形成互斥资源的是(　　　)。

A. 旅行社　　　　　　　　　B. 航空公司

C. 飞机票　　　　　　　　　D. 旅行社与航空公司

7. 临界区是指并发进程访问共享变量段的(　　　)。

A. 管理信息　　　　　　　　B. 信息存储

C. 数据　　　　　　　　　　D. 代码程序

8. 以下不是同步机制应遵循的准则的是(　　　)。

A. 让权等待　　　　　　　　B. 空闲让进

C. 忙则等待　　　　　　　　D. 无限等待

9. 以下(　　　)不属于临界资源。

A. 打印机　　　　　　　　　B. 非共享数据

C. 共享变量　　　　　　　　D. 共享缓冲区

10. 以下(　　　)属于临界资源。

A. 磁盘存储介质　　　　　　B. 公用队列

C. 私用数据　　　　　　　　D. 可重入的程序代码

11. 在操作系统中，要对并发进程进行同步的原因是(　　　)。

A. 进程必须在有限的时间片完成　　B. 进程具有动态性

C. 并发进程是异步的　　　　　　　D. 进程具有结构性

12. 进程 A 和进程 B 通过共享缓冲区协作完成数据处理,进程 A 负责产生数据并放入缓冲区，进程 B 从缓冲区读数据并输出。进程 A 和进程 B 之间的制约关系是(　　　)。

A. 互斥关系　　　　　　　　B. 同步关系

C. 互斥和同步关系　　　　　D. 无制约关系

13. 在操作系统中，P，V 操作是一种(　　　)。

A. 机器指令　　　　　　　　B. 系统调用命令

C. 作业控制命令　　　　　　D. 低级进程通信原语

14. P 操作可能导致(　　　)。

A. 进程就绪　　　　　　　　B. 进程结束

C. 进程阻塞　　　　　　　　D. 新进程创建

15. 原语是(　　)。

A. 运行在用户态的过程　　　　　　　　B. 操作系统的内核

C. 可中断的指令序列　　　　　　　　　D. 不可分割的指令序列

16. (　　)定义了共享数据结构和各种进程在该数据结构上的全部操作。

A. 管程　　　　　　　　　　　　　　　B. 类程

C. 线程　　　　　　　　　　　　　　　D. 程序

17. 用 V 操作唤醒一个等待进程时，被唤醒进程变为(　　)态。

A. 运行　　　　　　　　　　　　　　　B. 等待

C. 就绪　　　　　　　　　　　　　　　D. 完成

18. 在用信号量机制实现互斥时，互斥信号量的初值为(　　)。

A. 0　　　　　　　　　　　　　　　　　B. 1

C. 2　　　　　　　　　　　　　　　　　D. 3

19. 用 P，V 操作实现进程同步，信号量的初值为(　　)。

A. −1　　　　　　　　　　　　　　　　B. 0

C. 1　　　　　　　　　　　　　　　　　D. 由用户确定

20. 可以被多个进程在任意时刻共享的代码必须是(　　)。

A. 顺序代码　　　　　　　　　　　　　B. 机器语言代码

C. 不允许任何修改的代码　　　　　　　D. 无转移指令代码

21. 一个进程映像由程序、数据及 PCB 组成，其中(　　)必须用可重入编码编写。

A. PCB　　　　　　　　　　　　　　　B. 程序

C. 数据　　　　　　　　　　　　　　　D. 共享程序段

22. 用来实现进程同步与互斥的 PV 操作实际上是由(　　)过程组成的。

A. 一个可被中断的　　　　　　　　　　B. 一个不可被中断的

C. 两个可被中断的　　　　　　　　　　D. 两个不可被中断的

23. 有三个进程共享同一程序段，而每次只允许两个进程进入该程序段，若用 PV 操作同步机制，则信号量 S 的取值是(　　)。

A. 2, 1, 0, −1　　　　　　　　　　　　B. 3, 2, 1, 0

C. 2, 1, 0, −1, −2　　　　　　　　　　D. 1, 0, −1, −2

24. 对于两个并发进程，设互斥信号量为 mutex(初值为 1)，若 mutex = 0，则(　　)。

A. 表示没有进程进入临界区

B. 表示有一个进程进入临界区

C. 表示有一个进程进入临界区，另一个进程等待进入

D. 表示有两个进程进入临界区

25. 对于两个并发进程，设互斥信号量为 mutex(初值为 1)，若 mutex = −1，则(　　)。

A. 表示没有进程进入临界区

B. 表示有一个进程进入临界区

C. 表示有一个进程进入临界区，另一个进程等待进入

D. 表示有两个进程进入临界区

26. 一个进程因在互斥信号量 mutex 上执行 V(mutex)操作而导致唤醒另一个进程时，

执行 V 操作后 mutex 的值为(　　)。

A. 大于 0　　　　　　　　　　　　　　B. 小于 0

C. 大于等于 0　　　　　　　　　　　　D. 小于等于 0

27. 若一个系统中共有 5 个并发进程涉及某个相同的变量 A，则变量 A 的相关临界区是由(　　)个临界区构成的。

A. 1　　　　　　　B. 3　　　　　　　C. 5　　　　　　　D. 6

28. 下述(　　)选项不是管程的组成部分。

A. 局限于管程的共享数据结构

B. 对管程内数据结构进行操作的一组过程

C. 管程外过程调用管理内数据结构的说明

D. 对局限于管程的数据结构设置初始值的语句

29. 以下关于管程的叙述中，错误的是(　　)。

A. 管程是进程同步工具，解决信号量机制大量同步操作分散的问题

B. 管程每次只允许一个进程进入管程

C. 管程中 signal 操作的作用和信号量机制中的 V 操作相同

D. 管程是被进程调用的，管程是语法范围，无法创建和撤销

30. 下列关于管程的叙述中，错误的是(　　)。

A. 管程只能用于实现进程的互斥

B. 管程是由编程语言支持的进程同步机制

C. 任何时候只能有一个进程在管程中执行

D. 管程中定义的变量只能被管程内的过程访问

31. 对信号量 S 执行 P 操作后，使该进程进入资源等待队列的条件是(　　)。

A. S.value<0　　　　　　　　　　　　B. S.value<=0

C. S.value>0　　　　　　　　　　　　D. S.value>=0

32. 若系统有 n 个进程，则就绪队列中进程的个数最多有(　　)个。

A. n+1　　　　　　B. n　　　　　　　C. n-1　　　　　　D. 1

33. 若系统有 n 个进程，则阻塞队列中进程的个数最多有(　　)个。

A. n+1　　　　　　B. n　　　　　　　C. n-1　　　　　　D. 1

34. 下列关于 PV 操作的说法中，正确的是(　　)。

(1) PV 操作是一种系统调用命令；

(2) PV 操作是一种低级进程通信原语；

(3) PV 操作是由一个不可被中断的过程组成；

(4) PV 操作是由两个不可被中断的过程组成。

A. (1)(3)　　　　　　　　　　　　　　B. (2)(4)

C. (1)(2)(4)　　　　　　　　　　　　　D. (1)(4)

35. 下列关于临界区和临界资源的说法中，正确的是(　　)。

(1) 银行家算法可以用来解决临界区(Critical Section)问题；

(2) 临界区是指进程中用于实现进程互斥的那段代码；

(3) 公用队列属于临界资源；

(4) 私用数据属于临界资源。

A. (1)(2)   B. (1)(4)

C. (3)   D. 以上答案都错误

36. 若干进程对计数信号量 S 进行 28 次 P 操作和 18 次 V 操作后,信号量 S 的值为 0。假如若干进程对信号量 S 进行了 15 次 P 操作和 2 次 V 操作,此时有( )个进程等待在信号量 S 的队列中?

A. 2   B. 3   C. 5   D. 7

37. 有两个并发进程 P1 和 P2,其程序代码如下:

```
P1( ) {                        P2( ) {
    x=1;   //A1                    x=-3;      // B1
    y=2;                           c=x*x;
    z=x+y;                         print c;   // B2
    print z;   // A2               }
}
```

可能打印出的 z 值和 c 值为( )(其中 x 为 P1,P2 的共享变量)。

A. z = 1, -3; c = -1,9   B. z = -1, 3; c = 1, 9

C. z = -1, 3, 1; c = 9   D. z = 3; c = 1, 9

38. 进程 P0 和进程 P1 的共享变量定义及其初值为:

```
boolean   flag[2];
int   turn=0;
flag[0]=false; flag[1]=false;
```

若进程 P0 和进程 P1 访问临界资源的类 C 代码实现如下:

```
void P0( )      //进程 P0              void P1( )      //进程 P1
{                                     {
    while(true)                           while(true)
    {                                     {
        flag[0]=true; turn=1;                 flag[1]=true; turn=0;
        while(flag[1]&&(turn==1));            while(flag[0]&&(turn==0));
        临界区;                               临界区;
        flag[0]=false;                       flag[1]=false;
    }                                     }
}                                     }
```

则并发执行进程 P0 和进程 P1 时产生的情况是( )。

A. 不能保证进程互斥进入临界区,会出现"饥饿"现象

B. 不能保证进程互斥进入临界区,不会出现"饥饿"现象

C. 能保证进程互斥进入临界区,会出现"饥饿"现象

D. 能保证进程互斥进入临界区,不会出现"饥饿"现象

39. 进程 P1 和 P2 均包含并发执行的线程,部分伪代码描述如下:

```
//进程 P1                        //进程 P2
int x=0;                         int x=0;
Thread1( )                       Thread3( )
{ int a;                         { int a;
    a=1; x+=1;                       a=x;   x+=3;
}                                }
Thread2( )                       Thread4( )
{ nt a;                          { int b;
    a=2; x+=2;                       b=x; x+=4;
}                                }
```

下列选项中，需要互斥执行的操作是()。

A. a=1 与 a=2   B. a=x 与 b=x

C. x+=1 与 x+=2   D. x+=1 与 x+=3

40. 有两个并发执行的进程 P1 和 P2，共享初值为 1 的变量 x。P1 对 x 加 1，P2 对 x 减 1。加 1 和减 1 操作的指令序列分别如下：

```
//加 1 操作                       //减 1 操作
load R1, x  //取 x 到寄存器 R1     load R2, x   //取 x 到寄存器 R2
inc R1                            dec R2
store x, R1  //将 R1 的内容存入 x   store x, R2  //将 R2 的内容存入 x
```

两个操作完成后，x 的值(　　)。

A. 可能为 −1 或 3   B. 只能为 1

C. 可能为 0，1 或 2   D. 可能为 −1，0，1 或 2

41. 使用 TSL(Test and Set Lock)指令实现进程互斥的伪代码如下：

```
do {
    ...
    while(TSL(&lock));
    critical section;
    lock=FALSE;
    ...
} while(TRUE);
```

下列与该实现机制相关的叙述中，正确的是(　　)。

A. 退出临界区的进程负责唤醒阻塞态进程

B. 等待进入临界区的进程不会主动放弃 CPU

C. 上述伪代码满足"让权等待"的同步准则

D. while(TSL(&lock))语句应在关中断状态下执行

42. 并发进程之间的关系是(　　)。

A. 无关的   B. 相关的

C. 可能相关的   D. 可能是无关的，也可能是有交往的

43. 若有 4 个进程共享同一程序段，每次允许 3 个进程进入该程序段，若用 PV 操作

作为同步机制，则信号量的取值是(　　)。

A. 4，3，2，1，−1　　　　　　　　　B. 2，1，0，−1，−2

C. 3，2，1，0，−1　　　　　　　　　D. 2，1，0，−2，−3

44. 在 9 个生产者、6 个消费者共享容量为 8 的缓冲器的生产者-消费者问题中，互斥使用缓冲器的信号量的初始值为(　　)。

A. 1　　　　　　　　　　　　　　　B. 6

C. 8　　　　　　　　　　　　　　　D. 9

45. 信箱通信是一种(　　)通信方式。

A. 直接通信　　　　　　　　　　　B. 间接通信

C. 低级通信　　　　　　　　　　　D. 信号量

46. 有两个优先级相同的并发进程 P1 和 P2，它们的执行过程如下：

```
进程 P1                    进程 P2
...                        ...
y=1;                       x=1;
y=y+2;                     x=x+1;
z=y+1;                     P(s1);
V(s1);                     x=x+y;
P(s2);                     z=x+z;
y=z+y;                     V(s2);
...                        ...
```

假设当前信号量 s1=0，s2=0。当前的 z=2，进程运行结束后，x、y 和 z 的值分别是(　　)。

A. 5，9，9　　　　　　　　　　　　B. 5，9，4

C. 5，12，9　　　　　　　　　　　　D. 5，12，4

47. 属于同一进程的两个线程 thread1 和 thread2 并发执行，共享初值为 0 的全局变量 x。thread1 和 thread2 实现对全局变量 x 加 1 的机器级代码描述如下：

```
//thread1                          //thread2
mov R1, x    // (x)→R1             R2, x       // (x)→R2
inc R1       // (R1)+1→R1          inc R2      // (R2)+1→R2
mov x, R1    // (R1)→x             mov x, R2   // (R2)→x
```

在所有可能的指令执行序列中，使 x 的值为 2 的序列个数是(　　)。

A. 1　　　　B. 2　　　　C. 3　　　　D. 4

48. 若 x 是管程内的条件变量，则当进程执行 x.wait(　)时所做的工作是(　　)。

A. 实现对变量 x 的互斥访问

B. 唤醒一个在 x 上阻塞的进程

C. 根据 x 的值判断该进程是否进入阻塞态

D. 阻塞该进程，并将之插入 x 的阻塞队列中

49. 在下列同步机制中，可以实现让权等待的是(　　)。

A. Peterson 方法　　　　　　　　　B. swap 指令

C. 信号量方法　　　　　　　　　　D. TestAndSet 指令

50. 下列准则中，实现临界区互斥机制必须遵循的是(　　)。

(1) 两个进程不能同时进入临界区；

(2) 允许进程访问空闲的临界资源；

(3) 进程等待进入临界区的时间是有限的；

(4) 不能进入临界区的执行态进程立即放弃 CPU。

A. (1)(4)　　　　　　　　　　　　B. (2)(3)

C. (1)(2)(3)　　　　　　　　　　　D. (1)(3)(4)

习题 4　处理机调度与死锁

(单项选择题，每题 2 分，共 100 分)

1. 时间片轮转调度算法是为了(　　)。

A. 多个用户能及时干预系统　　　　　B. 使系统变得高效

C. 优先级较高的进程得到及时响应　　D. 需要 CPU 时间最少的进程最先做

2. 在单处理器的多进程系统中，进程什么时候占用处理器及决定占用时间的长短是由
(　　)决定的。

A. 进程相应的代码长度　　　　　　　B. 进程总共需要运行的时间

C. 进程特点和进程调度策略　　　　　D. 进程完成什么功能

3. (　　)有利于 CPU 繁忙型的作业，而不利于 I/O 繁忙型的作业。

A. 时间片轮转调度算法　　　　　　　B. 先来先服务调度算法

C. 短作业(进程)优先算法　　　　　　D. 优先权调度算法

4. 下面有关选择进程调度算法的准则中，不正确的是(　　)。

A. 尽快响应交互式用户的请求　　　　B. 尽量提高处理器利用率

C. 尽可能提高系统吞吐量　　　　　　D. 适当增长进程就绪队列的等待时间

5. 设有 4 个作业同时到达，每个作业的执行时间均为 2 h，它们在一台处理器上按单
道式运行，则平均周转时间为(　　)。

A. 1 h　　　　　　　　　　　　　　B. 5 h

C. 2.5 h　　　　　　　　　　　　　D. 8 h

6. 若每个作业只能建立一个进程，为了照顾短作业用户，应采用(　　)。

A. FCFS 调度算法　　　　　　　　　B. 短作业优先调度算法

C. 时间片轮转调度算法　　　　　　　D. 多级反馈队列调度算法

7. 若每个作业只能建立一个进程，为了照顾紧急作业用户，应采用(　　)。

A. FCFS 调度算法　　　　　　　　　B. 时间片轮转调度算法

C. 多级反馈队列调度算法　　　　　　D. 剥夺式优先级调度算法

8. 若每个作业只能建立一个进程，为了能实现人机交互，应采用(　　)。

A. FCFS 调度算法　　　　　　　　　B. 短作业优先调度算法

C. 时间片轮转调度算法　　　　　　　D. 多级反馈队列调度算法

9. 若每个作业只能建立一个进程，为了使短作业、长作业和交互作业用户都满意，应

采用( )。

　　A. FCFS 调度算法　　　　　　　　　　B. 时间片轮转调度算法

　　C. 多级反馈队列调度算法　　　　　　　D. 剥夺式优先级调度算法

10. ( )优先级是在创建进程时确定的,确定之后在整个运行期间不再改变。

　　A. 先来先服务　　　　　　　　　　　　B. 动态

　　C. 短作业　　　　　　　　　　　　　　D. 静态

11. 现在有三个同时到达的作业 J1、J2 和 J3,它们的执行时间分别是 T1、T2 和 T3,且 T1 < T2 < T3。系统按单道方式运行且采用短作业优先调度算法,则平均周转时间是( )。

　　A. T1+T2+T3　　　　　　　　　　　　B. (3*T1+2*T2+T3)/3

　　C. (T1+T2+T3)/3　　　　　　　　　　D. (T1+2*T2+3*T3)/3

12. 设有三个作业 J1、J2 和 J3,其运行时间分别是 2h、5h 和 3h,假定它们同时到达,并在同一台处理器上以单道方式运行,则平均周转时间最小的执行顺序是( )。

　　A. J1, J2, J3　　　　　　　　　　　　B. J3, J2, J1

　　C. J2, J1, J3　　　　　　　　　　　　D. J1, J3, J2

13. 采用时间片轮转调度算法分配 CPU 时,当处于运行态的进程用完一个时间片后,它的状态是( )状态。

　　A. 阻塞　　　　　　　　　　　　　　　B. 运行

　　C. 就绪　　　　　　　　　　　　　　　D. 消亡

14. 一个作业 8:00 到达系统,估计运行时间为 1h。若 10:00 开始执行该作业,其响应比是( )。

　　A. 2　　　　　　B. 1　　　　　　C. 3　　　　　　D. 0.5

15. 关于优先权大小的论述中,正确的是( )。

　　A. 计算型作业的优先权,应高于 I/O 型作业的优先权

　　B. 用户进程的优先权,应高于系统进程的优先权

　　C. 在动态优先权中,随着作业等待时间的增加,其优先权将随之下降

　　D. 在动态优先权中,随着进程执行时间的增加,其优先权降低

16. 下列调度算法中,( )调度算法是绝对可抢占的。

　　A. 先来先服务　　　　　　　　　　　　B. 时间片轮转

　　C. 优先级　　　　　　　　　　　　　　D. 短进程优先

17. 作业是用户提交的,进程是由系统自动生成的,除此之外,两者的区别是( )。

　　A. 两者执行不同的程序段

　　B. 前者以用户任务为单位,后者以操作系统控制为单位

　　C. 前者是批处理的,后者是分时的

　　D. 后者是可并发执行,前者则不同

18. 下列进程调度算法中,综合考虑进程等待时间和执行时间的是( )。

　　A. 时间片轮转调度算法　　　　　　　　B. 短进程优先调度算法

　　C. 先来先服务调度算法　　　　　　　　D. 高响应比优先调度算法

19. 进程调度算法采用固定时间片轮转调度算法,当时间片过大时,就会使时间片轮转调度算法转化为( )调度算法。

A. 高响应比优先　　　　　　　　　　　　B. 先来先服务

C. 短进程优先　　　　　　　　　　　　　D. 以上选项都不对

20. 有 5 个批处理作业 A、B、C、D、E 几乎同时到达，其预计运行时间分别为 10、6、2、4、8，其优先级(由外部设定)分别为 3、5、2、1、4，这里 5 位最高优先级，以下各种调度算法中，平均周转时间为 14 的是(　　)调度算法。

A. 时间片轮转(时间片为 1)

B. 优先级优先

C. 先来先服务(按照顺序 10、6、2、4、8)

D. 短作业优先

21. 一个多道批处理系统中仅有 P1 和 P2 两个作业，P2 比 P1 晚 5 ms 到达，它们的计算和 I/O 操作顺序如下：

P1：计算 60 ms，I/O 80 ms，计算 20 ms；

P2：计算 120 ms，I/O 40 ms，计算 40 ms。

若不考虑调度和切换时间，则完成两个作业需要的时间最少是(　　)。

A. 240 ms　　　　　　　　　　　　　　B. 260 ms

C. 340 ms　　　　　　　　　　　　　　D. 360 ms

22. 某单 CPU 系统中有输入和输出设备各 1 台，现有 3 个并发执行的作业，每个作业的输入、计算和输出时间分别为 2 ms、3 ms 和 4 ms，且都按输入、计算和输出的顺序执行，则执行完 3 个作业需要的时间最少是(　　)。

A. 15 ms　　　　　　　　　　　　　　B. 17 ms

C. 22 ms　　　　　　　　　　　　　　D. 27 ms

23. 下列有关基于时间片的进程调度的叙述中，错误的是(　　)。

A. 时间片越短，进程切换的次数越多，系统开销越大

B. 当前进程的时间片用完后，该进程状态由执行态变为阻塞态

C. 时钟中断发生后，系统会修改当前进程在时间片内的剩余时间

D. 影响时间片大小的主要因素包括响应时间、系统开销和进程数量等

24. 分时操作系统通常采用(　　)调度算法来为用户服务。

A. 时间片轮转　　　　　　　　　　　　B. 先来先服务

C. 短作业优先　　　　　　　　　　　　D. 优先级

25. 在进程调度算法中，对短进程不利的是(　　)。

A. 短进程优先调度算法　　　　　　　　B. 先来先服务调度算法

C. 高响应比优先调度算法　　　　　　　D. 多级反馈队列调度算法

26. 假设系统中所有进程同时到达，则使进程平均周转时间最短的是(　　)调度算法。

A. 先来先服务　　　　　　　　　　　　B. 短进程优先

C. 时间片轮转　　　　　　　　　　　　D. 优先级

27. 下列说法中，正确的是(　　)。

(1) 分时系统的时间片固定，因此用户数越多，响应时间越长；

(2) UNIX 是一个强大的多用户、多任务操作系统，支持多种处理器结构，按照操作系统分类，属于分时操作系统；

(3) 中断向量地址是中断服务例行程序的入口地址;

(4) 中断发生时,由硬件保护并更新程序计数器(PC),而不是由软件完成,主要是为了提高处理速度。

A. (1)(2)　　　　　　　　　　　　B. (2)(3)

C. (3)(4)　　　　　　　　　　　　D. (4)

28. 若某单处理器多进程系统中有多个就绪态进程,则下列关于处理机调度的叙述中,错误的是(　　)。

A. 在进程结束时能进行处理机调度

B. 创建新进程后能进行处理机调度

C. 在进程处于临界区时不能进行处理机调度

D. 在系统调用完成并返回用户态时能进行处理机调度

29. 下列选项中,满足短作业优先且不会发生饥饿现象的是(　　)调度算法。

A. 先来先服务　　　　　　　　　　B. 高响应比优先

C. 时间片轮转　　　　　　　　　　D. 非抢占式短作业优先

30. 下列调度算法中,不可能导致饥饿现象的是(　　)。

A. 时间片轮转　　　　　　　　　　B. 静态优先数调度

C. 非抢占式短任务优先　　　　　　D. 抢占式短任务优先

31. 系统采用二级反馈队列调度算法进行进程调度。就绪队列 Q1 采用时间片轮转调度算法,时间片为 10ms;就绪队列 Q2 采用短进程优先调度算法;系统优先调度 Q1 队列中的进程,当 Q1 为空时系统才会调度 Q2 中的进程;新创建的进程首先进入 Q1;Q1 中的进程执行一个时间片后,若未结束,则转入 Q2。若当前 Q1、Q2 为空,系统依次创建进程 P1、P2 后即开始进程调度,P1、P2 需要的 CPU 时间分别为 30ms 和 20ms,则进程 P1、P2 在系统中的平均等待时间为(　　)。

A. 25 ms　　　　B. 20 ms　　　　C. 15 ms　　　　D. 10 ms

32. 下列与进程调度有关的因素中,在设计多级反馈队列调度算法时需要考虑的是(　　)。

(1) 就绪队列的数量;

(2) 就绪队列的优先级;

(3) 各就绪队列的调度算法;

(4) 进程在就绪队列间的迁移条件。

A. (1)(3)　　　　　　　　　　　　B. (3)(4)

C. (2)(3)(4)　　　　　　　　　　D. (1)(2)(3)和(4)

33. 下列情况中,可能导致死锁的是(　　)。

A. 进程释放资源　　　　　　　　　B. 一个进程进入死循环

C. 多个进程竞争资源出现了循环等待　　D. 多个进程竞争使用共享型的设备

34. 在操作系统中,死锁出现是指(　　)。

A. 计算机系统发生重大故障

B. 资源个数远远小于进程数

C. 若干进程因竞争资源而无限等待其他进程释放已占有的资源

D. 进程同时申请的资源数超过资源总数

35. 一次分配所有资源的方法可以预防死锁的发生，它破坏死锁 4 个必要条件中的（　　）。

A. 互斥　　　　　　　　　　　　B. 占有并请求

C. 非剥夺　　　　　　　　　　　D. 循环等待

36. 系统产生死锁的可能原因是（　　）。

A. 独占资源分配不当　　　　　　B. 系统资源不足

C. 进程运行太快　　　　　　　　D. CPU 内核太多

37. 死锁的避免是根据（　　）采取措施实现的。

A. 配置足够的系统资源　　　　　B. 使进程的推进顺序合理

C. 破坏死锁的四个必要条件之一　D. 防止系统进入不安全状态

38. 死锁预防是保证系统不进入死锁状态的静态策略，其解决办法是破坏产生死锁的四个必要条件之一。下列方法中破坏了"循环等待"条件的是（　　）。

A. 银行家算法　　　　　　　　　B. 一次性分配策略

C. 剥夺资源法　　　　　　　　　D. 资源有序分配策略

39. 某系统中有三个并发进程都需要四个同类资源，则该系统必然不会发生死锁的最少资源是（　　）。

A. 9　　　　　　B. 10　　　　　　C. 11　　　　　　D. 12

40. 某系统中共有 11 台磁带机，X 个进程共享此磁带机设备，每个进程最多请求使用 3 台，则系统必然不会死锁的最大 X 值是（　　）。

A. 4　　　　　　B. 5　　　　　　C. 6　　　　　　D. 7

41. 某计算机系统中有 8 台打印机，由 K 个进程竞争使用，每个进程最多需要 3 台打印机。该系统可能会发生死锁的 K 的最小值是（　　）。

A. 2　　　　　　B. 3　　　　　　C. 4　　　　　　D. 5

42. 解除死锁通常不采用的方法是（　　）。

A. 终止一个死锁进程　　　　　　B. 终止所有死锁进程

C. 从死锁进程处抢夺资源　　　　D. 从非死锁进程处抢夺资源

43. 采用资源剥夺法可以解除死锁，还可以采用（　　）方法解除死锁。

A. 执行并行操作　　　　　　　　B. 撤销进程

C. 拒绝分配新资源　　　　　　　D. 修改信号量

44. 在下列死锁的解决方法中，属于死锁预防策略的是（　　）。

A. 银行家算法　　　　　　　　　B. 资源有序分配算法

C. 死锁检测算法　　　　　　　　D. 资源分配图化简法

45. 三个进程共享四个同类资源，这些资源的分配与释放只能一次一个，已知每个进程最多需要两个该类资源，则该系统（　　）。

A. 有些进程可能永远得不到该类资源　　B. 必然有死锁

C. 进程请求该类资源必然能得到　　　　D. 必然是死锁

46. 下列关于银行家算法的叙述中，正确的是（　　）。

A. 银行家算法可以预防死锁

B. 当系统处于安全状态时，系统中一定无死锁进程

C. 当系统处于不安全状态时，系统中一定会出现死锁进程

D. 银行家算法破坏了死锁必要条件中的"请求和保持"条件

47. 某系统有 n 台互斥使用的同类设备，三个并发进程分别需要 3、4、5 台设备，可确保系统不发生死锁的设备数 n 最小为(   )。

A. 9   B. 10   C. 11   D. 12

48. 假设系统中有四个同类资源，进程 P1、P2 和 P3 需要的资源数分别为 4、3 和 1，P1、P2 和 P3 已申请到的资源数分别为 2、1 和 0，则执行安全性检测算法的结果是(   )。

A. 不存在安全序列，系统处于不安全状态

B. 存在多个安全序列，系统处于安全状态

C. 存在唯一安全序列 P3、P1、P2，系统处于安全状态

D. 存在唯一安全序列 P3、P2、P1，系统处于安全状态

49. 某系统中有 A 和 B 两类资源各 6 个，t 时刻资源分配及需求情况如下表所示。

	Allocation		Max	
	A	B	A	B
P1	2	3	4	4
P2	2	1	3	1
P3	1	2	3	4

T 时刻安全性检测结果是(   )

A. 存在安全序列 P1、P2、P3   B. 存在安全序列 P2、P1、P3

C. 存在安全序列 P2、P3、P1   D. 不存在安全序列

50. 假设具有 5 个进程的进程集合 P = {P0，P1，P2，P3，P4}，系统中有三类资源 A、B、C 在某时刻的状态如下表所示。

	Allocation			Max			Available		
	A	B	C	A	B	C	A	B	C
P0	0	0	3	0	0	4			
P1	1	0	0	1	7	5			
P2	1	3	5	2	3	5	x	y	z
P3	0	0	2	0	6	4			
P4	0	0	1	0	6	5			

(1) 1，4，0；

(2) 0，6，2；

(3) 1，1，1；

(4) 0，4，7。

当 x，y，z 取下列哪些值时，系统是处于安全状态的是(   )。

A. (2)(3)   B. (1)(3)

C. (1)   D. (1)(3)

习题5　存储器管理1

(单项选择题，每题2分，共100分)

1. 在虚拟内存管理中，地址变换机构将逻辑地址变换为物理地址，形成该逻辑地址的阶段是(　　)。

A. 编辑　　　　　　　　　　　　　B. 编译

C. 链接　　　　　　　　　　　　　D. 装载

2. 下面关于存储管理的叙述中，正确的是(　　)。

A. 存储保护的目的是限制内存的分配

B. 在内存为M，有N个用户的分时系统中，每个用户占用M/N的内存空间

C. 在虚拟内存系统中，只要磁盘空间无限大，作业就能拥有任意大的编址空间

D. 实现虚拟内存管理必须有相应硬件的支持

3. 在使用交换技术时，若一个进程正在(　　)，则不能交换出主存。

A. 创建　　　　　　　　　　　　　B. I/O操作

C. 处于临界段　　　　　　　　　　D. 死锁

4. 在存储管理中，采用覆盖与交换技术的目的是(　　)。

A. 节省主存空间　　　　　　　　　B. 物理上扩充主存容量

C. 提高CPU效率　　　　　　　　　D. 实现主存共享

5. 分区分配内存管理方式的主要保护措施是(　　)。

A. 界地址保护　　　　　　　　　　B. 程序代码保护

C. 数据保护　　　　　　　　　　　D. 栈保护

6. 某基于动态分区存储管理的计算机，其主存容量为55 MB(初始为空)，采用最佳适配(Best Fit)算法，分配和释放的顺序为：分配15 MB，分配30 MB，释放15 MB，分配8 MB，分配6 MB。此时主存中最大空闲分区的大小是(　　)。

A. 7 MB　　　　　B. 9 MB　　　　　C. 10 MB　　　　　D. 15 MB

7. 段页式存储管理中，地址映射表是(　　)。

A. 每个进程一张段表，两张页表

B. 每个进程的每个段一张段表，一张页表

C. 每个进程一张段表，每个段一张页表

D. 每个进程一张页表，每个段一张段表

8. 内存保护需要由(　　)完成，以保证进程空间不被非法访问。

A. 操作系统　　　　　　　　　　　B. 硬件机构

C. 操作系统和硬件机构合作　　　　D. 操作系统或者硬件机构独立完成

9. 存储管理方案中，(　　)可采用覆盖技术。

A. 单一连续存储管理　　　　　　　B. 可变分区存储管理

C. 段式存储管理　　　　　　　　　D. 段页式存储管理

10. 在可变分区分配方案中，某一进程完成后，系统回收其主存空间并与相邻空闲区

合并，为此需修改空闲区表，造成空闲区数减 1 的情况是(　　)。

　A. 无上邻空闲区也无下邻空闲区　　　B. 有上邻空闲区但无下邻空闲区

　C. 有下邻空闲区但无上邻空闲区　　　D. 有上邻空闲区也有下邻空闲区

11. 动态重定位是在作业的(　　)中进行的。

　A. 编译过程　　　　　　　　　　　　B. 装入过程

　C. 链接过程　　　　　　　　　　　　D. 执行过程

12. 下面的存储管理方案中，(　　)方式可以采用静态重定位。

　A. 固定分区　　　　　　　　　　　　B. 可变分区

　C. 页式　　　　　　　　　　　　　　D. 段式

13. 在可变分区管理中，采用拼接技术的目的是(　　)。

　A. 合并空闲区　　　　　　　　　　　B. 合并分配区

　C. 增加主存容量　　　　　　　　　　D. 便于地址转换

14. 不会产生内部碎片的存储管理是(　　)。

　A. 分页式存储管理　　　　　　　　　B. 分段式存储管理

　C. 固定分区式存储管理　　　　　　　D. 段页式存储管理

15. 多进程在主存中彼此互不干扰的环境下运行，操作系统是通过(　　)来实现的。

　A. 内存分配　　　　　　　　　　　　B. 内存保护

　C. 内存扩充　　　　　　　　　　　　D. 地址映射

16. 分区管理中采用最佳适应分配算法时，把空闲区按(　　)次序登记在空闲区表中。

　A. 长度递增　　　　　　　　　　　　B. 长度递减

　C. 地址递增　　　　　　　　　　　　D. 地址递减

17. 首次适应算法的空闲分区(　　)。

　A. 按大小递减顺序连在一起　　　　　B. 按大小递增顺序连在一起

　C. 按地址由小到大排列　　　　　　　D. 按地址由大到小排列

18. 采用分页或分段管理后，提供给用户的物理地址空间(　　)。

　A. 分页支持更大的物理地址空间　　　B. 分段支持更大的物理地址空间

　C. 不能确定　　　　　　　　　　　　D. 一样大

19. 分页系统中的页面是为(　　)。

　A. 用户所感知的　　　　　　　　　　B. 操作系统所感知的

　C. 编译系统所感知的　　　　　　　　D. 连接装配程序所感知的

20. 页式存储管理中，页表的始地址存放在(　　)中。

　A. 内存　　　　　　　　　　　　　　B. 存储页表

　C. 快表　　　　　　　　　　　　　　D. 寄存器

21. 对重定位存储管理方式，应(　　)。

　A. 在整个系统中设置一个重定位寄存器

　B. 为每道程序设置一个重定位寄存器

　C. 为每道程序设置两个重定位寄存器

　D. 为每道程序和数据都设置一个重定位寄存器

22. 采用段式存储管理时，一个程序如何分段是在(　　)时决定的。

A. 分配主存　　　　　　　　　　B. 用户编程

C. 装作业　　　　　　　　　　　D. 程序执行

23. 下面的(　　)方法有利于程序的动态链接。

A. 分段存储管理　　　　　　　　B. 分页存储管理

C. 可变式分区管理　　　　　　　D. 固定式分区管理

24. 当前编程人员编写好的程序经过编译转换成目标文件后，各条指令的地址编号起始一般定为(　　)。

A. 1　　　　　　B. 0　　　　　　C. IP　　　　　　D. CS

25. 当前编程人员编写好的程序经过编译转换成目标文件后，各条指令的地址编号起始一般定为 0，称为(　　)地址。

A. 绝对　　　　　B. 名义　　　　　C. 逻辑　　　　　D. 实

26. 可重入程序是通过(　　)方法来改善系统性能的。

A. 改变时间片长度　　　　　　　B. 改变用户数

C. 提高对换速度　　　　　　　　D. 减少对换数量

27. 操作系统实现(　　)存储管理的代价最小。

A. 分区　　　　　　　　　　　　B. 分页

C. 分段　　　　　　　　　　　　D. 段页式

28. 动态分区又称可变式分区，它是系统运行过程中(　　)动态建立的。

A. 在作业装入时　　　　　　　　B. 在作业创建时

C. 在作业完成时　　　　　　　　D. 在作业未装入时

29. 对外存对换区的管理以(　　)为主要目标。

A. 提高系统吞吐量　　　　　　　B. 提高存储空间的利用率

C. 降低存储费用　　　　　　　　D. 提高换入、换出速度

30. 下列关于虚拟存储器的论述中，正确的是(　　)。

A. 作业在运行前，必须全部装入内存，且在运行过程中也一直驻留内存

B. 作业在运行前，不必全部装入内存，且在运行过程中也不必一直驻留内存

C. 作业在运行前，不必全部装入内存，但在运行过程中必须一直驻留内存

D. 作业在运行前，必须全部装入内存，但在运行过程中不必一直驻留内存

31. 在页式存储管理中选择页面的大小，需要考虑下列(　　)因素。

(1) 页面大的好处是页表比较少；

(2) 页面小的好处是可以减少由内部碎片引起的内存浪费；

(3) 影响磁盘访问时间的主要因素通常不是页面大小，所以使用时优先考虑较大的页面。

A. (1)(3)　　　　　　　　　　　B. (2)(3)

C. (1)(2)　　　　　　　　　　　D. (1)(2)(3)

32. 某个操作系统对内存的管理采用页式存储管理方法，所划分的页面大小(　　)。

A. 要根据内存大小确定　　　　　B. 必须相同

C. 要根据 CPU 的地址结构确定　　D. 要依据外存和内存的大小确定

33. 引入段式存储管理方式，主要是为了更好地满足用户的一系列要求。下面选项中

不属于这一系列要求的是(　　)。

  A. 方便操作　　　　　　　　　　　　B. 方便编程

  C. 共享和保护　　　　　　　　　　　D. 动态链接和增长

34. 存储管理的目的是(　　)。

  A. 方便用户　　　　　　　　　　　　B. 提高内存利用率

  C. 方便用户和提高内存利用率　　　　D. 增加内存实际容量

35. 对主存储器的访问，(　　)。

  A. 以块(即页)或段为单位　　　　　　B. 以字节或字为单位

  C. 随存储器的管理方案不同而异　　　D. 以用户的逻辑记录为单位

36. 把作业空间中使用的逻辑地址变为内存中的物理地址称为(　　)。

  A. 加载　　　　B. 重定位　　　　C. 物理化　　　　D. 逻辑化

37. 以下存储管理方式中，不适合多道程序设计系统的是(　　)。

  A. 单用户连续分配　　　　　　　　　B. 固定式分区分配

  C. 可变式分区分配　　　　　　　　　D. 分页式存储管理方式

38. 在分页存储管理中，主存的分配(　　)。

  A. 以物理块为单位进行　　　　　　　B. 以作业的大小进行

  C. 以物理段进行　　　　　　　　　　D. 以逻辑记录大小进行

39. 在段式分配中，CPU 每次从内存中取一次数据需要(　　)次访问内存。

  A. 1　　　　　　B. 3　　　　　　C. 2　　　　　　D. 4

40. 在段页式分配中，CPU 每次从内存中取一次数据需要(　　)次访问内存。

  A. 1　　　　　　B. 3　　　　　　C. 2　　　　　　D. 4

41. (　　)存储管理方式提供一维地址结构。

  A. 分段　　　　　　　　　　　　　　B. 分页

  C. 分段和段页式　　　　　　　　　　D. 以上答案都不正确

42. 操作系统采用分页存储管理方式，要求(　　)。

A. 每个进程拥有一张页表，且进程的页表驻留在内存中

B. 每个进程拥有一张页表，但只有执行进程的页表驻留在内存中

C. 所有进程共享一张页表，以节约有限的内存空间，但页表必须驻留在内存中

D. 所有进程共享一张页表，只有页表中当前使用的页面必须驻留在内存中，以最大限度地节省有限的内存空间

43. 一个分段存储管理系统中，地址长度为 32 位，其中段号占 8 位，则最大段长是(　　)。

  A. 2^8 B　　　　B. 2^{16} B　　　　C. 2^{24} B　　　　D. 2^{32} B

44. 在分段存储管理方式中，(　　)。

A. 以段为单位，每段是一个连续存储区

B. 段与段之间必定不连续

C. 段与段之间必定连续

D. 每段是等长的

45. 段页式存储管理汲取了页式管理和段式管理的长处，其实现原理结合了页式和段

式管理的基本思想，即(　　)。

A. 用分段方法来分配和管理物理存储空间，用分页方法来管理用户地址空间

B. 用分段方法来分配和管理用户地址空间，用分页方法来管理物理存储空间

C. 用分段方法来分配和管理主存空间，用分页方法来管理辅存空间

D. 用分段方法来分配和管理辅存空间，用分页方法来管理主存空间

46. 以下存储管理方式中，会产生内存碎片的是(　　)。

(1) 分段虚拟存储管理；

(2) 分页虚拟存储管理；

(3) 段页式分区管理；

(4) 固定式分区管理。

A. (1)(2)(3)　　　　　　　　　B. (3)(4)

C. (2)　　　　　　　　　　　　D. (2)(3)(4)

47. 下列关于页式存储的论述中，正确的是(　　)。

(1) 在页式存储管理中，若关闭 TLB，则每当访问一条指令或存取一个操作数时都要访问 2 次内存；

(2) 页式存储管理不会产生内部碎片；

(3) 页式存储管理中的页面是为用户所感知的；

(4) 页式存储方式可以采用静态重定位。

A. (1)(2)(4)　　　　　　　　　B. (1)(4)

C. (1)　　　　　　　　　　　　D. 全部正确

48. 现有一个容量为 10GB 的磁盘分区，磁盘空间以簇为单位进行分配，簇的大小为 4KB，若采用位图法管理该分区的空闲空间，即用一位标识一个簇是否被分配，则存放该位图所需的簇为(　　)个。

A. 80　　　　　　B. 320　　　　　　C. 80K　　　　　　D. 320K

49. 下列选项中，属于多级页表优点的是(　　)。

A. 加快地址变换速度　　　　　B. 减少缺页中断次数

C. 减少页表项所占字节数　　　D. 减少页表所占的连续内存空间

50. 在分段存储管理系统中，用共享段表描述所有被共享的段。若进程 P1 和 P2 共享段 S，则下列叙述中，错误的是(　　)。

A. 在物理内存中仅保存一份段 S 的内容

B. 段 S 在 P1 和 P2 中应该具有相同的段号

C. P1 和 P2 共享段 S 在共享段表中的段表项

D. P1 和 P2 都不再使用段 S 时才回收段 S 所占的内存空间

习题 6　存储器管理 2

(单项选择题，每题 2 分，共 100 分)

1. 下列关于虚拟存储器的叙述中，正确的是(　　)。

A. 虚拟存储只能基于连续分配技术

B. 虚拟存储只能基于非连续分配技术

C. 虚拟存储容量只受外存容量的限制

D. 虚拟存储容量只受内存容量的限制

2. 请求分页存储管理中，若把页面尺寸增大一倍而且可容纳的最大页数不变，则在程序顺序执行时缺页中断次数会(　　)。

A. 增加　　　　　　　　　　　　B. 减少

C. 不变　　　　　　　　　　　　D. 可能增加也可能减少

3. 进程在执行中发生了缺页中断，经操作系统处理后，应让其执行(　　)指令。

A. 被中断的前一条　　　　　　　B. 被中断的那一条

C. 被中断的后一条　　　　　　　D. 启动时的第一条

4. 在缺页处理过程中，操作系统执行的操作可能是(　　)。

(1) 修改页表；

(2) 磁盘 I/O；

(3) 分配页框。

A. (1)(2)　　　　　　　　　　　B. (2)(3)

C. (1)(3)　　　　　　　　　　　D. (1)(2)和(3)

5. 若用户进程访问内存时产生缺页，则下列选项中，操作系统可能执行的操作是(　　)。

(1) 处理越界错；

(2) 置换页；

(3) 分配内存。

A. (1)(2)　　　　　　　　　　　B. (2)(3)

C. (1)(3)　　　　　　　　　　　D. (1)(2)和(3)

6. 虚拟存储技术是(　　)。

A. 补充内存物理空间的技术　　　B. 补充内存逻辑空间的技术

C. 补充外存空间的技术　　　　　D. 扩充输入/输出缓冲区的技术

7. 以下不属于虚拟内存特征的是(　　)。

A. 一次性　　　　　　　　　　　B. 多次性

C. 对换性　　　　　　　　　　　D. 离散性

8. 为使虚拟存储系统有效地发挥其预期的作用，所运行的程序应具有的特征是(　　)。

A. 该程序不应含有过多的 I/O 操作

B. 该程序的大小不应超过实际的内存容量

C. 该程序应具有较好的局部性

D. 该程序的指令相关性不应过多

9. (　　)是请求分页存储管理方式和基本分页存储管理方式的区别。

A. 地址重定向　　　　　　　　　B. 不必将作业全部装入内存

C. 采用快表技术　　　　　　　　D. 不必将作业装入连续区域

10. 下面关于请求页式系统的页面调度算法中，说法错误的是(　　)。

A. 一个好的页面调度算法应减少和避免抖动现象

B. FIFO 算法实现简单，选择最先进入主存储器的页面调出

C. LRU 算法基于局部性原理，首先调出最近一段时间内最长时间未被访问过的页面

D. CLOCK 算法首先调出一段时间内被访问次数多的页面

11. 考虑页面置换算法，系统有 m 个物理块供调度，初始时全空，页面引用串长度为 p，包含了 n 个不同的页号，无论用什么算法，缺页次数不会少于(　　)。

A. m

B. p

C. n

D. min(m，n)

12. 在请求分页存储管理中，若采用 FIFO 页面淘汰算法，则当可供分配的页帧数增加时，缺页中断的次数(　　)。

A. 减少

B. 增加

C. 无影响

D. 可能增加也可能减少

13. 设主存容量为 1 MB，外存容量为 400 MB，计算机系统的地址寄存器有 32 位，那么虚拟存储器的最大容量是(　　)。

A. 1 MB

B. 401 MB

C. 1 MB + 2^{32} MB

D. 2^{32} MB

14. 虚拟存储器的最大容量是(　　)。

A. 为内外存容量之和

B. 由计算机的地址结构决定

C. 是任意的

D. 由作业的地址空间决定

15. 某虚拟存储器系统采用页式内存管理，使用 LRU 页面替换算法，考虑页面访问地址序列为 1、8、1、7、8、7、2、1、8、3、8、2、1、3、1、7、1、3、7。假定内存容量为 4 个页面，开始时是空的，则页面失效次数是(　　)。

A. 4

B. 5

C. 6

D. 7

16. 导致 LRU 算法实现起来耗费高的原因是(　　)。

A. 需要硬件的特殊支持

B. 需要特殊的中断处理程序

C. 需要在页表中标明特殊的页类型

D. 需要对所有的页进行排序

17. 在虚拟存储器系统的页表项中，决定是否会发生页故障的是(　　)。

A. 合法位

B. 修改位

C. 页类型

D. 保护码

18. 在页面置换策略中，(　　)策略可能引起抖动。

A. FIFO

B. LRU

C. 没有一种

D. 所有

19. 虚拟存储管理系统的基础是程序的(　　)理论。

A. 动态性

B. 虚拟性

C. 局部性

D. 全局性

20. 使用()方法可以实现虚拟存储。

A. 分区合并

B. 覆盖、交换

C. 快表

D. 段合并

21. 请求分页存储管理的主要特点是(　　)。
    A. 消除了页内零头　　　　　　　B. 扩充了内存
    C. 便于动态链接　　　　　　　　D. 便于信息共享

22. 在请求分页存储管理的页表中增加了若干项信息, 其中修改位和访问位供(　　)参考。
    A. 分配页面　　　　　　　　　　B. 调入页面
    C. 置换算法　　　　　　　　　　D. 程序访问

23. 产生内存抖动的主要原因是(　　)。
    A. 内存空间太小　　　　　　　　B. CPU 运行速度太慢
    C. CPU 调度算法不合理　　　　　D. 页面置换算法不合理

24. 在页面置换算法中, 存在 Belady 现象的算法是(　　)。
    A. 最佳页面置换法(OPT)　　　　B. 先进先出置换算法(FIFO)
    C. 最近最久未使用算法(LRU)　　D. 最近未使用算法(NRU)

25. 页式虚拟存储管理的主要特点是(　　)。
    A. 不要求将作业装入主存的连续区域
    B. 不要求将作业同时全部装入主存的连续区域
    C. 不要求进行缺页中断处理
    D. 不要求进行页面置换

26. 提供虚拟存储技术的存储管理方法有(　　)。
    A. 动态分区存储管理　　　　　　B. 页式存储管理
    C. 请求段式存储管理　　　　　　D. 存储覆盖技术

27. 在计算机系统中, 快表用于(　　)。
    A. 存储文件信息　　　　　　　　B. 与主存交换信息
    C. 地址变换　　　　　　　　　　D. 存储通道程序

28. 在虚拟分页存储管理系统中, 若进程访问的页面不在主存中, 且主存中没有可用的空闲帧时, 系统正确的处理顺序为(　　)。
    A. 决定淘汰页→页面调出→缺页中断→页面调入
    B. 决定淘汰页→页面调入→缺页中断→页面调出
    C. 缺页中断→决定淘汰页→页面调出→页面调入
    D. 缺页中断→决定淘汰页→页面调入→页面调出

29. 已知系统为 32 位实地址, 采用 48 位虚拟地址, 页面大小为 4KB, 页表项大小为 8B。假设系统使用纯页式存储, 则要采用(　　)级页表, 页内偏移(　　)位。
    A. 3, 12　　　　　　　　　　　　B. 3, 14
    C. 4, 12　　　　　　　　　　　　D. 4, 14

30. 下列说法中, 正确的是(　　)。
    (1) 先进先出(FIFO)页面置换算法会产生 Belady 现象;
    (2) 最近最少使用(LRU)页面置换算法会产生 Belady 现象;
    (3) 在进程运行时, 若其工作集页面都在虚拟存储器内, 则能够使该进程有效地运行, 否则会出现频繁的页面调入/调出现象;

(4) 在进程运行时，若其工作集页面都在主存储器内，则能够使该进程有效地运行，否则会出现频繁的页面调入/调出现象。

  A. (1)(3)   B. (1)(4)

  C. (2)(3)   D. (2)(4)

31. 测得某个采用按需调页策略的计算机系统的部分状态数据为：CPU 利用率为 20%，用于交换空间的磁盘利用率为 97.7%，其他设备的利用率为 5%。由此判断系统出现异常，这种情况下(　　)能提高系统性能。

  A. 安装一个更快的硬盘   B. 通过扩大硬盘容量增加交换空间

  C. 增加运行进程数   D. 加内存条来增加物理空间容量

32. 假定有一个请求分页存储管理系统，测得系统各相关设备的利用率为：CPU 的利用率为 10%，磁盘交换区的利用率为 99.7%，其他 I/O 设备的利用率为 5%，下面(　　)措施将可能改进 CPU 的利用率。

  (1) 增大内存的容量；

  (2) 增大磁盘交换区的容量；

  (3) 减少多道程序的度数；

  (4) 增加多道程序的度数；

  (5) 使用更快速的磁盘交换区；

  (6) 使用更快速的 CPU。

  A. (1)(2)(3)(4)   B. (1)(3)

  C. (2)(3)(5)   D. (2)(6)

33. 当系统发生抖动时，可以采取的有效措施是(　　)。

  (1) 撤销部分进程；

  (2) 增加磁盘交换区的容量；

  (3) 提高用户进程的优先级。

  A. (1)   B. (2)

  C. (3)   D. (1)(2)

34. 下列措施中，能加快虚实地址转换的是(　　)。

  (1) 增大快表(TLB)容量；

  (2) 让页表常驻内存；

  (3) 增大交换去(swap)。

  A. (1)   B. (2)

  C. (1)(2)   D. (2)(3)

35. 在页式虚拟存储管理系统中，采用某些页面置换算法会出现 Belady 异常现象，即进程的缺页次数会随着分配给该进程的页框个数的增加而增加。下列算法中，可能出现 Belady 异常现象的是(　　)。

  (1) LRU 算法；

  (2) FIFO 算法；

  (3) OPT 算法。

  A. (2)   B. (1)(2)

C. (1)(3)　　　　　　　　　　　D. (2)(3)

36. 某系统采用改进型 CLOCK 置换算法，页表项中字段 A 为访问位，M 为修改位。A=0 表示页最近没有被访问，A=1 表示页最近被访问过。M=0 表示页未被修改过，M=1 表示页被修改过。按(A，M)所有可能的取值，将页分为(0，0)，(1，0)，(0，1)和(1，1)四类，则该算法淘汰页的次序为(　　　)。

A. (0，0)，(0，1)，(1，0)，(1，1)

B. (0，0)，(1，0)，(0，1)，(1，1)

C. (0，0)，(0，1)，(1，1)，(1，0)

D. (0，0)，(1，1)，(0，1)，(1，0)

37. 在请求分页系统中，页面分配策略与页面置换策略不能组合使用的是(　　　)。

A. 可变分配，全局置换　　　　　　　B. 可变分配，局部置换

C. 固定分配，全局置换　　　　　　　D. 固定分配，局部置换

38. 系统为某进程分配了 4 个页框，该进程已访问的页号序列为 2 0 2 9 3 4 2 8 2 4 8 4 5。若进程要访问的下一页的页号为 7，依据 LRU 算法，应淘汰页的页号是(　　　)。

A. 2　　　　　　B. 3　　　　　　C. 4　　　　　　D. 8

39. 某系统采用 LRU 页面置换算法和局部置换策略，若系统为进程 P 预分配了 4 个页框，进程 P 访问页号的序列为 0、1、2、7、0、5、3、5、0、2、7、6。则进程访问上述页的过程中，产生页置换的总次数是(　　　)。

A. 3　　　　　　B. 4　　　　　　C. 5　　　　　　D. 6

40. 下列因素中，影响请求分页系统有效(平均)访存时间的是(　　　)。

(1) 缺页率；

(2) 磁盘读写时间；

(3) 内存访问时间；

(4) 执行缺页处理程序的 CPU 时间。

A. (2)(3)　　　　　　　　　　　　　B. (1)(4)

C. (1)(3)(4)　　　　　　　　　　　D. (1)(2)(3)和(4)

41. 某进程访问页面的序列如下所示：

$$\cdots, 1, 3, 4, 5, 6, 0, 3, 2, 3, 2,\ \ 0, 4, 0, 3, 2, 9, 2, 1, \cdots$$

↑
t

若工作集的窗口大小为 6，则在 t 时刻的工作集为(　　　)

A. {6, 0, 3, 2}　　　　　　　　　　B. {2, 3, 0, 4}

C. {0, 4, 3, 2, 9}　　　　　　　　　D. {4, 5, 6, 0, 3, 2}

42. 在下列动态分区分配算法中，最容易产生内存碎片的是(　　　)。

A. 首次适应算法　　　　　　　　　　B. 最坏适应算法

C. 最佳适应算法　　　　　　　　　　D. 循环首次适应算法

43. 采用先进先出页面淘汰算法的系统中，一进程在内存占 3 块(开始为空)，页面访问序列为 1、2、3、4、1、2、5、1、2、3、4、5、6。运行时会产生(　　　)次缺页中断。

A. 7　　　　　　B. 8　　　　　　C. 10　　　　　　D. 9

44. 在虚拟存储系统中，若进程在内存中占四个物理块(已装入)，采用 LRU 页面置换算法，当执行访问页号序列为 1、3、4、5、2、5、1、4、3、2、3、6 时，将产生( )次缺页中断。

A. 7   B. 8   C. 5   D. 6

45. 系统出现"抖动"现象的主要原因是( )引起的。

A. 置换算法选择不当   B. 数据块太大

C. 内存容量不足   D. 采用页式存储管理策略

46. 当系统发生抖动时，可以采取的有效措施是( )。

A. 增加磁盘交换区的容量   B. 撤销部分进程

C. 提高用户进程的优先级   D. 降低用户进程的优先级

47. 在请求分页存储管理方案中，如果所需的页面不再内存中，则产生缺页中断，它属于( )中断。

A. 硬件故障   B. I/O   C. 外   D. 程序

48. 在下面所列的诸因素中，不对缺页中断次数产生影响的是( )。

A. 内存分块的尺寸   B. 程序编制的质量

C. 作业等待的时间   D. 分配给作业的内存块数

49. 操作系统处理缺页中断时，选择一种好的调度算法对主存和辅存中的信息进行高效调度尽可能地避免( )。

A. 碎片   B. CPU 空闲

C. 多重中断   D. 抖动

50. 在一个分页式存储管理系统中，一个作业的 0 和 1 页装入了内存块号 2 和 1 物理块中，若页的大小为 4KB，则地址转换机构将相对地址 0 转换成的物理地址是( )。

A. 8192   B. 4096

C. 2048   D. 1024

习题 7 输入输出系统

(单项选择题，每题 2 分，共 100 分)

1. 磁盘是可共享设备，但在每个时刻( )作业启动它。

A. 可以由任意多个   B. 能限定多个

C. 至少能由一个   D. 至多能由一个

2. 用磁带做文件存储介质时，文件只能组织成( )。

A. 顺序文件   B. 链接文件

C. 索引文件   D. 目录文件

3. 既可以随机访问又可以顺序访问的有( )。

(1) 光盘；(2) 磁带；(3) U 盘；(4) 磁盘。

A. (2)(3)0(4)   B. (1)(3)(4)

C. (3)(4)   D. (4)

4. 磁盘调度的目的是缩短(　　　)时间。

　　A. 找道　　　　　　　　　　　　　B. 延迟

　　C. 传送　　　　　　　　　　　　　D. 启动

5. 磁盘上的文件以(　　　)为单位读/写。

　　A. 块　　　　　　　　　　　　　　B. 记录

　　C. 柱面　　　　　　　　　　　　　D. 磁道

6. 下列算法中，用于磁盘调度的是(　　　)。

　　A. 时间片轮转调度算法　　　　　　B. LRU 算法

　　C. 最短寻找时间优先算法　　　　　D. 优先级高者优先算法

7. 以下算法中，(　　　)可能出现"饥饿"现象。

　　A. 电梯调度　　　　　　　　　　　B. 最短寻找时间优先

　　C. 循环扫描算法　　　　　　　　　D. 先来先服务

8. 已知某磁盘的平均转速为 r 秒/转，平均寻找时间为 T 秒，每个磁道可以存储的字节数为 N，现向该磁盘读写 b 字节的数据，采用随机寻道的方法，每道的所有扇区组成一个簇，其平均访问时间是(　　　)。

　　A. (r+T)*b/N　　　　　　　　　　B. b/N*T

　　C. (b/N+T)*r　　　　　　　　　　D. b*T/N+r

9. 设磁盘的转速为 3000 转/分，盘面划分为 10 个扇区，则读取一个扇区的时间为(　　　)。

　　A. 20 ms　　　　　　　　　　　　B. 5 ms

　　C. 2 ms　　　　　　　　　　　　　D. 1 ms

10. 假设磁头当前位于第 105 道，正在向磁道序号增加的方向移动。现有一个磁道访问请求序列为 35、45、12、68、110、180、170、195，采用 SCAN 调度(电梯调度)算法得到的磁道访问序列是(　　　)。

　　A. 110、170、180、195、68、45、35、12

　　B. 110、68、45、35、12、170、180、195

　　C. 110、170、180、195、12、35、45、68

　　D. 12、35、45、68、110、170、180、195

11. 设一个磁道访问请求序列为 55、58、39、18、90、160、150、38、184，磁头的起始位置为 100，若采用 SSTF(最短寻道时间优先)算法，则磁头移动(　　　)个磁道。

　　A. 55　　　　　　B. 184　　　　　　C. 200　　　　　　D. 248

12. 系统总是访问磁盘的某个磁道而不响应对其他磁道的访问请求，这种现象称为磁臂黏着。下列磁盘调度算法中，不会导致磁臂黏着的是(　　　)。

　　A. 先来先服务(FCFS)　　　　　　B. 最短寻道时间优先(SSTF)

　　C. 扫描算法(SCAN)　　　　　　　D. 循环扫描算法(CSCAN)

13. 在以下算法中，(　　　)可能会随时改变磁头的运动方向。

　　A. 电梯调度　　　　　　　　　　　B. 先来先服务

　　C. 循环扫描算法　　　　　　　　　D. 以上答案都不对

14. 以下关于设备属性的叙述中，正确的是(　　　)。

A. 字符设备的基本特征是可寻址到字节，即能指定输入的源地址或输出的目标地址

B. 共享设备必须是可寻址的和可随机访问的设备

C. 共享设备是指同一时间内允许多个进程同时访问的设备

D. 在分配共享设备和独占设备时都可能引起进程死锁

15. 虚拟设备是指(　　)。

A. 允许用户使用比系统中具有的物理设备更多的设备

B. 允许用户以标准化方式来使用物理设备

C. 把一个物理设备变换成多个对应的逻辑设备

D. 允许用户程序不必全部装入主存便可使用系统中的设备

16. 磁盘设备的 I/O 控制主要采取(　　)方式。

A. 位　　　　　　　　B. 字节　　　　　　　　C. 帧　　　　　　　　D. DMA

17. 为了便于上层软件的编制，设备控制器通常需要提供(　　)。

A. 控制寄存器、状态寄存器和控制命令

B. I/O 地址寄存器、工作方式状态寄存器和控制命令

C. 中断寄存器、控制寄存器和控制命令

D. 控制寄存器、编程空间和控制逻辑寄存器

18. 在设备控制器中用于实现设备控制功能的是(　　)。

A. CPU　　　　　　　　　　　　　B. 设备控制器与处理器的接口

C. I/O 逻辑　　　　　　　　　　　D. 设备控制器与设备的接口

19. 通道又称 I/O 处理机，它用于实现(　　)之间的信息传输。

A. 内存与外设　　　　　　　　　　B. CPU 与外设

C. 内存与外存　　　　　　　　　　D. CPU 与外存

20. 在操作系统中，(　　)指的是一种硬件机制。

A. 通道技术　　　　　　　　　　　B. 缓冲池

C. SPOOLing 技术　　　　　　　　D. 内存覆盖技术

21. 若 I/O 设备与存储设备进行数据交换不经过 CPU 来完成，则这种数据交换方式是
(　　)。

A. 程序查询　　　　　　　　　　　B. 中断方式

C. DMA　　　　　　　　　　　　　D. 无条件存取方式

22. 计算机系统中，不属于 DMA 控制器的是(　　)。

A. 命令/状态寄存器　　　　　　　　B. 内存地址寄存器

C. 数据寄存器　　　　　　　　　　D. 堆栈指针寄存器

23. 在下列问题中，(　　)不是设备分配中应考虑的问题。

A. 及时性　　　　　　　　　　　　B. 设备的固有属性

C. 设备独立性　　　　　　　　　　D. 安全性

24. 关于通道、设备控制器和设备之间的关系，以下叙述中正确的是(　　)。

A. 设备控制器和通道可以分别控制设备

B. 对于同一组输入/输出命令，设备控制器、通道和设备可以并行工作

C. 通道控制设备控制器、设备控制器控制设备工作

D. 以上答案都不对

25. 有关设备管理的叙述中，不正确的是(　　)。

A. 通道是处理输入/输出的软件

B. 所有设备的启动工作都由系统统一来做

C. 来自通道的 I/O 中断事件由设备管理负责处理

D. 编制好的通道程序是存放在主存中的

26. I/O 中断时 CPU 与通道协调工作的一种手段，所以在(　　)时，便要产生中断。

A. CPU 执行"启动 I/O"指令而被通道拒绝接收

B. 通道接收了 CPU 的启动请求

C. 通道完成了通道程序的执行

D. 通道在执行通道程序的过程中

27. 一个计算机系统配置了 2 台绘图机和 3 台打印机，为了正确驱动这些设备，系统应该提供(　　)个设备驱动程序。

A. 5　　　　　　　　B. 3　　　　　　　　C. 2　　　　　　　　D. 1

28. 将系统调用参数翻译成设备操作命令的工作由(　　)完成。

A. 用户层 I/O　　　　　　　　　　　　B. 设备无关的操作系统软件

C. 中断处理　　　　　　　　　　　　　D. 设备驱动程序

29. 系统将数据从磁盘读到内存的过程包括以下操作：

(1) DMA 控制器发出中断请求；

(2) 初始化 DMA 控制器并启动磁盘；

(3) 从磁盘传输一块数据到内存缓冲区；

(4) 执行"DMA 结束"中断服务程序。

操作顺序正确的是(　　)。

A. (3)→(1)→(2)→(4)　　　　　　　　B. (2)→(3)→(1)→(4)

C. (2)→(1)→(3)→(4)　　　　　　　　D. (1)→(2)→(4)→(3)

30. 用户程序发出磁盘 I/O 请求后，系统的正确处理流程是(　　)。

A. 用户程序→系统调用处理程序→中断处理程序→设备驱动程序

B. 用户程序→系统调用处理程序→设备驱动程序→中断处理程序

C. 用户程序→设备驱动程序→系统调用处理程序→中断处理程序

D. 用户程序→设备驱动程序→中断处理程序→系统调用处理程序

31. 操作系统的 I/O 子系统通常由 4 个层次组成，每层明确定义了与邻近层次的接口，其合理的层次组织排列顺序是(　　)。

A. 用户级 I/O 软件、设备无关软件、设备驱动程序、中断处理程序

B. 用户级 I/O 软件、设备无关软件、中断处理程序、设备驱动程序

C. 用户级 I/O 软件、设备驱动程序、设备无关软件、中断处理程序

D. 用户级 I/O 软件、中断处理程序、设备无关软件、设备驱动程序

32. 用户程序发出磁盘 I/O 请求后，系统的处理流程是：用户程序→系统调用处理程序→设备驱动程序→中断处理程序。其中，计算数据所在磁盘的柱面号、磁头号、扇区号的程序是(　　)。

A. 用户程序   B. 系统调用处理程序

C. 设备驱动程序   D. 中断处理程序

33. 在设备管理中，设备映射表(DMT)的作用是(　　)。

A. 管理物理设备   B. 管理逻辑设备

C. 实现输入/输出   D. 建立逻辑设备与物理设备的对应关系

34. (　　)不属于设备管理数据结构。

A. PCB   B. DCT

C. COCT   D. CHCT

35. (　　)不是设备的分配方式。

A. 独享分配   B. 共享分配

C. 虚拟分配   D. 分区分配

36. 下面设备中属于共享设备的是(　　)。

A. 打印机   B. 磁带机

C. 磁盘   D. 磁带机和磁盘

37. 程序员利用系统调用打开 I/O 设备时，通常使用的设备标识是(　　)。

A. 逻辑设备名   B. 物理设备名

C. 主设备号   D. 从设备号

38. 引入高速缓冲的主要目的是(　　)。

A. 提高 CPU 的利用率

B. 提高 I/O 设备的利用率

C. 改善 CPU 与 I/O 设备速度不匹配的问题

D. 节省内存

39. 下列选项中，不能改善磁盘设备 I/O 性能的是(　　)。

A. 重排 I/O 请求次序   B. 在一个磁盘上设置多个分区

C. 预读和滞后写   D. 优化文件物理块的分布

40. 为了使并发进程能有效地进行输入和输出，最好采用(　　)结构的缓冲技术。

A. 缓冲池   B. 循环缓冲

C. 单缓冲   D. 双缓冲

41. 在采用 SPOOLing 技术的系统中，用户的打印结果首先被送到(　　)。

A. 磁盘固定区域   B. 内存固定区域

C. 终端   D. 打印机

42. 缓冲技术中的缓冲池在(　　)中。

A. 主存   B. 外存

C. ROM   D. 寄存器

43. 设从磁盘将一块数据传送到缓冲区所用的时间为 80 μs，将缓冲区中的数据传送到用户区所用的时间为 40 μs，CPU 处理一块数据所用的时间为 30 μs。若有多块数据需要处理，并采用单缓冲区传送某磁盘数据，则处理一块数据所用的总时间为(　　)。

A. 120 μs   B. 110 μs   C. 150 μs   D. 70 μs

44. 缓冲区管理者重要考虑的问题是(　　)。

A. 选择缓冲区的大小　　　　　　　　B. 决定缓冲区的数量

C. 实现进程访问缓冲区的同步　　　　D. 限制进程的数量

45. 虚拟设备是靠(　　)技术来实现的。

A. 通道　　　　　　B. 缓冲

C. SPOOLing　　　　　　　　　D. 控制器

46. SPOOLing 技术的主要目的是(　　)。

A. 提高 CPU 和设备交换信息的速度　　B. 提高独占设备的利用率

C. 减轻用户编程负担　　　　　　　　D. 提供主、辅存接口

47. SPOOLing 系统由(　　)组成。

A. 预输入程序、井管理程序和缓输出程序

B. 预输入程序、井管理程序和井管理输出程序

C. 输入程序、井管理程序和输出程序

D. 预输入程序、井管理程序和输出程序

48. (　　)是操作系统中采用的以空间换取时间的技术。

A. SPOOLing 技术　　　　　　　　B. 虚拟存储技术

C. 覆盖与交换技术　　　　　　　　　D. 通道技术

49. 采用假脱机技术,将磁盘的一部分作为公共缓冲区代替打印机,用户对打印机的操作实际上是对磁盘的存储操作,用以代替打印机的部分由(　　)完成。

A. 独占设备　　　B. 共享设备

C. 虚拟设备　　　D. 一般物理设备

50. 下面关于独占设备和共享设备的说法中,不正确的是(　　)。

A. 打印机、扫描仪等属于独占设备

B. 对独占设备往往采用静态分配方式

C. 共享设备是指一个作业尚未撤离,另一个作业即可使用,但每个时刻只有一个作业使用

D. 对共享设备往往采用静态分配方式

习题 8　文 件 管 理

(单项选择题,每题 2 分,共 100 分)

1. 设置当前工作目录的主要目的是(　　)。

A. 节省外存空间　　　　　　　　　　B. 节省内存空间

C. 加快文件的检索速度　　　　　　　D. 加快文件的读/写速度

2. 文件系统中,文件访问控制信息存储的合理位置是(　　)。

A. 文件控制块　　　　　　　　　　　B. 文件分配表

C. 用户口令表　　　　　　　　　　　D. 系统注册表

3. 从用户的观点看,操作系统中引入文件系统的目的是(　　)。

A. 保护用户数据　　　　　　　　　　B. 实现对文件的按名存取

C. 实现虚拟存储 D. 保存用户和系统文档及数据

4. 文件系统在创建一个文件时，为它建立一个(　　)。

A. 文件目录项 B. 目录文件

C. 逻辑结构 D. 逻辑空间

5. 打开文件操作的主要工作是(　　)。

A. 把指定文件的目录复制到内存指定的区域

B. 把指定文件复制到内存指定的区域

C. 在指定文件所在的存储介质上找到指定文件的目录

D. 在内存寻找指定的文件

6. UNIX 操作系统中，输入/输出设备视为(　　)。

A. 普通文件 B. 目录文件

C. 索引文件 D. 特殊文件

7. 下列说法中，(　　)属于文件的逻辑结构的范畴。

A. 连续文件 B. 系统文件

C. 链接文件 D. 流式文件

8. 文件的逻辑结构是为了方便(　　)而设计的。

A. 存储介质特性 B. 操作系统的管理方式

C. 主存容量 D. 用户

9. 索引文件由逻辑文件和(　　)组成。

A. 符号表 B. 索引表

C. 交叉访问表 D. 链接表

10. 下列关于索引表的叙述中，(　　)是正确的。

A. 索引表中每条记录的索引项可以有多个

B. 对索引文件存取时，必须先查找索引表

C. 索引表中含有索引文件的数据及其物理地址

D. 建立索引的目的之一是减少存储空间

11. 有一个顺序文件含有 10000 条记录，平均查找的记录数为 5000 个，采用索引顺序文件结构，则最好情况下平均只需查找(　　)次记录。

A. 1000 B. 10000

C. 100 D. 500

12. 若一个用户进程通过 read 系统调用读取一个磁盘文件中的数据，则下列关于此过程的叙述中，正确的是(　　)。

(1) 若该文件的数据不在内存，则该进程进入睡眠等待状态；

(2) 请求 read 系统调用会导致 CPU 从用户态切换到核心态；

(3) read 系统调用的参数应包含文件的名称。

A. (1)(2) B. (1)(3)

C. (2)(3) D. (1)(2)和(3)

13. 用户在删除某文件的过程中，操作系统不可能执行的操作是(　　)。

A. 删除此文件所在的目录

B. 删除与此文件关联的目录项

C. 删除与此文件对应的文件控制块

D. 释放与此文件关联的内存缓冲区

14. 一个文件的相对路径是从(　　)开始，逐步沿着各级子目录追溯，最后到指定文件的整个通路上所有子目录名组成的一个字符串。

A. 当前目录　　　　　　　　　　　B. 根目录

C. 多级目录　　　　　　　　　　　D. 二级目录

15. 目录文件存放的信息是(　　)。

A. 某一文件存放的数据信息

B. 某一文件的文件目录

C. 该目录中所有数据文件目录

D. 该目录中所有子目录文件和数据文件的目录

16. FAT32 的文件目录项不包括(　　)。

A. 文件名　　　　　　　　　　　　B. 文件访问权限说明

C. 文件控制块的物理位置　　　　　D. 文件所在的物理位置

17. 文件系统采用多级目录结构的目的是(　　)。

A. 减少系统开销　　　　　　　　　B. 节省存储空间

C. 解决命名冲突　　　　　　　　　D. 缩短传送时间

18. 若文件系统中有两个文件重名，则不应采用(　　)。

A. 单级目录结构　　　　　　　　　B. 两级目录结构

C. 树形目录结构　　　　　　　　　D. 多级目录结构

19. UNIX 操作系统中，文件的索引结构放在(　　)。

A. 超级块　　　　　　　　　　　　B. 索引结点

C. 目录项　　　　　　　　　　　　D. 空闲块

20. 操作系统为保证未经文件拥有者授权，任何其他用户不能使用该文件，所提供的解决方法是(　　)。

A. 文件保护　　　　　　　　　　　B. 文件保密

C. 文件转储　　　　　　　　　　　D. 文件共享

21. 设文件 F1 的当前引用计数值为 1，先建立文件 F1 的符号链接(软链接)文件 F2，再建立文件 F1 的硬链接文件 F3，然后删除文件 F1。此时，文件 F2 和文件 F3 的引用计数值分别是(　　)。

A. 0，1　　　　　　　　　　　　　B. 1，1

C. 1，2　　　　　　　　　　　　　D. 2，1

22. 若文件 f1 的硬链接为 f2，两个进程分别打开 f1 和 f2，获得对应的文件描述符为 fd1 和 fd2，则下列叙述中正确的是(　　)。

(1) f1 和 f2 的读写指针位置保持相同

(2) f1 和 f2 共享同一个内存索引结点

(3) fd1 和 fd2 分别指向各自的用户打开文件表中的一项

A. (3)　　　　　　　　　　　　　　B. (2)(3)

C. (1)(2)　　　　　　　　　　　　　　D. (1)(2)和(3)

23. 在文件系统中，以下不属于文件保护的方法是(　　)。

A. 口令　　　　　　　　　　　　　　　B. 存取控制

C. 用户权限表　　　　　　　　　　　　D. 读写之后使用关闭命令

24. 对一个文件的访问，常由(　　)共同限制。

A. 用户访问权限和文件属性　　　　　　B. 用户访问权限和用户优先级

C. 优先级和文件属性　　　　　　　　　D. 文件属性和口令

25. 加密保护和访问控制两种机制相比，(　　)。

A. 加密保护机制的灵活性更好　　　　　B. 访问控制机制的安全性更高

C. 加密保护机制必须由系统实现　　　　D. 访问控制机制必须由系统实现

26. 为了对文件系统中的文件进行安全管理，任何一个用户在进入系统时都必须进行注册，这一级安全管理是(　　)。

A. 系统级　　　　　　　　　　　　　　B. 目录级

C. 用户级　　　　　　　　　　　　　　D. 文件级

27. 在一个文件被用户进程首次打开的过程中，操作系统需做的是(　　)。

A. 将文件内容读到内存中

B. 将文件控制块读到内存中

C. 修改文件控制块中的读写权限

D. 将文件的数据缓冲区首指针返回给用户进程

28. 某文件系统中，针对每个文件，用户类别分为 4 类：安全管理员、文件主、文件主的伙伴、其他用户；访问权限分为 5 种：完全控制、执行、修改、读取、写入。若文件控制块中用二进制位串表示文件权限，为表示不同类别用户对一个文件的访问权限，则描述文件权限的位数至少应为(　　)。

A. 5　　　　　　　　B. 9　　　　　　　　C. 12　　　　　　　　D. 20

29. 下面的说法中，错误的是(　　)。

(1) 一个文件在同一系统中，不同的存储介质上的复制文件，应采用同一种物理结构

(2) 对一个文件的访问，常由用户访问权限和用户优先级共同限制

(3) 文件系统采用树形目录结构后，对于不同用户的文件，其文件名应该不同

(4) 为防止系统故障造成系统内文件受损，常采用存取控制矩阵方法保护文件

A. (2)　　　　　　　　　　　　　　　　B. (1)(3)

C. (1)(3)(4)　　　　　　　　　　　　　D. 全选

30. 下列优化方法中，可以提高文件访问速度的是(　　)。

(1) 提前读；

(2) 为文件分配连续的簇；

(3) 延迟写；

(4) 采用磁盘高速缓存。

A. (1)(2)　　　　　　　　　　　　　　B. (2)(3)

C. (1)(3)(4)　　　　　　　　　　　　　D. (1)(2)(3)(4)

31. 若多个进程共享同一个文件 F，则下列叙述中，正确的是(　　)。

A. 各进程只能用"读"方式打开文件 F

B. 在系统打开文件表中仅有一个表项包含 F 的属性

C. 各进程的用户打开文件表中关于 F 的表项内容相同

D. 进程关闭 F 时，系统删除 F 在系统打开文件表中的表项

32. 下列文件物理结构中，适合随机访问且易于文件扩展的是(　　)。

A. 连续结构　　　　　　　　　　　B. 索引结构

C. 链式结构且磁盘块定长　　　　　D. 链式结构且磁盘块变长

33. 设文件索引结点中有 7 个地址项，其中 4 个地址项是直接地址索引，2 个地址项是一级间接地址索引，1 个地址项是二级间接地址索引，每个地址项大小为 4B，若磁盘索引块和磁盘数据块大小均为 256 B，则可表示的单个文件最大长度是(　　)。

A. 33 KB　　　　　　　　　　　　B. 519 KB

C. 1057 KB　　　　　　　　　　　D. 16 516 KB

34. 以下不适合直接存取的外存分配方式是(　　)。

A. 连续分配　　　　　　　　　　　B. 链接分配

C. 索引分配　　　　　　　　　　　D. 以上答案都适合

35. 在以下文件的物理结构中，不利于文件长度动态增长的是(　　)。

A. 连续结构　　　　　　　　　　　B. 链接结构

C. 索引结构　　　　　　　　　　　D. 散列结构

36. 为支持 CD-ROM 中视频文件的快速随机播放，播放性能最好的文件数据块组织方式是(　　)。

A. 连续结构　　　　　　　　　　　B. 链式结构

C. 直接索引结构　　　　　　　　　D. 多级索引结构

37. 文件系统中，若文件的物理结构采用连续结构，则 FCB 中有关文件的物理位置的信息应包括下列选项中的(　　)。

(1) 首块地址　　(2) 文件长度　　(3) 索引表地址

A. (1)　　　　　　　　　　　　　B. (1)(2)

C. (2)(3)　　　　　　　　　　　　D. (1)(3)

38. 在磁盘上，最容易导致存储碎片发生的物理文件结构是(　　)。

A. 隐式链接　　　　　　　　　　　B. 顺序存放

C. 索引存放　　　　　　　　　　　D. 显示链接

39. 有些操作系统中将文件描述信息从目录项中分离出来，这样做的好处是(　　)。

A. 减少读文件时的 I/O 信息量　　　B. 减少写文件时的 I/O 信息量

C. 减少查找文件时的 I/O 信息量　　D. 减少复制文件时的 I/O 信息量

40. 位示图可用于(　　)。

A. 文件目录的查找　　　　　　　　B. 磁盘空间的管理

C. 主存空间的管理　　　　　　　　D. 文件的保密

41. 文件系统采用两级索引分配方式。若每个磁盘块的大小为 1 KB，每个盘块号占 4 B，则该系统中，单个文件的最大长度是(　　)。

A. 64 MB　　　　　　　　　　　　B. 128 MB

C. 32 MB　　　　　　　　　　　　　D. 以上答案都不对

42. 若某文件系统索引结点(inode)中有直接地址项和间接地址项，则下列选项中，与单个文件长度无关的因素是(　　)。

A. 索引结点的总数　　　　　　　　B. 间接地址索引的级数
C. 地址项的个数　　　　　　　　　D. 文件块的大小

43. 一个文件系统中，其 FCB 占 64 B，一个盘块大小为 1 KB，采用一级目录。假定文件目录中有 3200 个目录项。则查找一个文件平均需要(　　)次访问磁盘。

A. 50　　　　　　B. 54　　　　　　C. 100　　　　　　D. 200

44. 下列关于目录索引的论述中，正确的是(　　)。

A. 由于散列法具有较快的检索速度，因此现代操作系统中都用它来替代传统的顺序检索方法
B. 在利用顺序检索法时，对树形目录应采用文件的路径名，且应从根目录开始逐级检索
C. 在利用顺序检索法时，只要路径名的一个分量名未找到，就应停止查找
D. 利用顺序检索法查找完成后，即可得到文件的物理地址

45. 文件的存储空间管理实质上是对(　　)的组织和管理。

A. 文件目录　　　　　　　　　　　B. 外存已占用区域
C. 外存空闲区　　　　　　　　　　D. 文件控制块

46. 若用 8 个字(字长 32 位)组成的位示图管理内存，假定用户归还一个块号为 100 的内存块时，它对应位示图的位置为(　　)。

A. 字号为 3，位号为 5　　　　　　B. 字号为 4，位号为 4
C. 字号为 3，位号为 4　　　　　　D. 字号为 4，位号为 5

47. 设有一个记录文件，采用链接分配方式，逻辑记录的固定长度为 100B，在磁盘上存储时采用记录成组分解技术。盘块长度为 512B。若该文件的目录项已经读入内存，则对第 22 个逻辑记录完成修改后，共启动了磁盘(　　)次。

A. 3　　　　　　　　　　　　　　　B. 4
C. 5　　　　　　　　　　　　　　　D. 6

48. 物理文件的组织方式是由(　　)确定的。

A. 应用程序　　　　　　　　　　　B. 主存容量
C. 外存容量　　　　　　　　　　　D. 操作系统

49. 文件系统为每个文件创建一张(　　)，存放文件数据块的磁盘存放位置。

A. 打开文件表　　　　　　　　　　B. 位图
C. 索引表　　　　　　　　　　　　D. 空闲盘块链表

50. 下面关于索引文件的论述中，正确的是(　　)。

A. 索引文件中，索引表的每个表项中含有相应记录的关键字和存放该记录的物理地址
B. 顺序文件进行索引时，首先从 FCB 中读出文件的第一个盘块号；而对索引文件进行检索时，应先从 FCB 中读出文件索引块的开始地址
C. 对于一个具有三级索引的文件，存取一条记录通常要访问三次磁盘
D. 文件较大时，无论是进行顺序存取还是进行随机存取，通常索引文件方式都最快

模拟试题参考答案

■ 习题 1　操作系统引论

(单选选择题，每题 2 分，共 100 分)

1	2	3	4	5	6	7	8	9	10
B	C	D	D	D	B	C	D	B	B
11	12	13	14	15	16	17	18	19	20
A	C	A	A	A	D	C	D	D	D
21	22	23	24	25	26	27	28	29	30
D	C	B	A	D	B	C	B	D	C
31	32	33	34	35	36	37	38	39	40
B	C	B	B	A	C	D	C	A	C
41	42	43	44	45	46	47	48	49	50
C	C	D	D	A	C	A	A	C	B

■ 习题 2　进程的描述与控制 1

(单选选择题，每题 2 分，共 100 分)

1	2	3	4	5	6	7	8	9	10
C	A	C	A	A	B	C	C	C	D
11	12	13	14	15	16	17	18	19	20
C	D	B	D	C	B	C	A	D	B
21	22	23	24	25	26	27	28	29	30
D	D	C	B	A	A	B	D	A	C
31	32	33	34	35	36	37	38	39	40
C	C	A	B	C	D	B	D	D	C
41	42	43	44	45	46	47	48	49	50
A	D	B	C	D	B	C	A	A	D

■ 习题3　进程的描述与控制2

(单选选择题，每题2分，共100分)

1	2	3	4	5	6	7	8	9	10
D	D	A	B	C	C	D	D	B	B
11	12	13	14	15	16	17	18	19	20
C	C	D	C	D	A	C	B	D	C
21	22	23	24	25	26	27	28	29	30
D	D	A	B	C	D	C	C	C	A
31	32	33	34	35	36	37	38	39	40
A	C	B	B	C	B	B	D	C	C
41	42	43	44	45	46	47	48	49	50
B	D	C	A	B	C	B	D	C	C

■ 习题4　处理机调度与死锁

(单选选择题，每题2分，共100分)

1	2	3	4	5	6	7	8	9	10
A	C	B	D	D	B	D	C	C	D
11	12	13	14	15	16	17	18	19	20
B	D	C	C	D	B	B	D	B	D
21	22	23	24	25	26	27	28	29	30
B	B	B	A	B	B	A	C	B	A
31	32	33	34	35	36	37	38	39	40
C	D	C	C	B	A	D	D	B	B
41	42	43	44	45	46	47	48	49	50
C	D	B	B	C	B	B	A	B	C

■ 习题5　存储器管理1

(单选选择题，每题2分，共100分)

1	2	3	4	5	6	7	8	9	10
C	D	B	A	A	B	C	C	A	D
11	12	13	14	15	16	17	18	19	20
D	A	A	B	B	A	C	C	B	D
21	22	23	24	25	26	27	28	29	30
A	B	A	B	C	D	A	A	D	B
31	32	33	34	35	36	37	38	39	40
C	B	A	C	B	B	A	A	C	B
41	42	43	44	45	46	47	48	49	50
B	A	C	A	B	D	C	A	D	B

■ 习题6　存储器管理2

(单选选择题，每题2分，共100分)

1	2	3	4	5	6	7	8	9	10
B	B	B	D	B	B	A	C	B	D
11	12	13	14	15	16	17	18	19	20
C	D	D	B	C	D	A	D	C	B
21	22	23	24	25	26	27	28	29	30
B	C	D	B	B	C	C	C	C	B
31	32	33	34	35	36	37	38	39	40
D	B	A	C	A	A	C	A	C	D
41	42	43	44	45	46	47	48	49	50
A	C	C	C	A	B	D	C	D	A

■ 习题7　输入输出系统

(单选选择题，每题 2 分，共 100 分)

1	2	3	4	5	6	7	8	9	10
D	A	B	A	A	C	B	A	C	A
11	12	13	14	15	16	17	18	19	20
D	A	B	B	C	D	A	C	A	A
21	22	23	24	25	26	27	28	29	30
C	D	A	C	A	C	C	B	B	B
31	32	33	34	35	36	37	38	39	40
A	C	D	A	D	C	A	C	B	A
41	42	43	44	45	46	47	48	49	50
A	A	A	C	C	B	A	A	C	D

■ 习题8　文件管理

(单选选择题，每题 2 分，共 100 分)

1	2	3	4	5	6	7	8	9	10
C	A	B	A	A	D	D	D	B	B
11	12	13	14	15	16	17	18	19	20
C	A	A	A	D	C	C	A	B	A
21	22	23	24	25	26	27	28	29	30
B	B	D	A	D	A	B	D	D	D
31	32	33	34	35	36	37	38	39	40
B	B	C	B	A	A	B	B	C	B
41	42	43	44	45	46	47	48	49	50
A	A	C	C	C	B	D	D	C	B

参 考 文 献

[1]　汤小丹，梁红兵，哲凤屏，等. 计算机操作系统. 4 版. 西安：西安电子科技大学出版社，2019.

[2]　梁红兵，汤小丹. 计算机操作系统. 4 版. 学习指导与题解. 西安：西安电子科技大学出版社，2019.

[3]　郑然，庞丽萍. 计算机操作系统实验指导(Linux 版). 北京：人民邮电出版社，2019.

[4]　杜杏菁，王祥仲，兰芸. 操作系统实验指导与习题解析. 北京：清华大学出版社，2019.

[5]　於岳. Linux 实用教程. 3 版. 北京：人民邮电出版社，2020.